95個應學必記的專業用語

圖解數位行銷的基礎入門必修課

山浦直宏（監修）

在遠距工作的時代「數位行銷」是所有商業人士的必備知識

各位知道「數位行銷」一詞嗎？

我想會選擇本書的人，大部分在某個程度上對這個詞彙應該都已經有所理解，但真正理解其本質的人或許並不多。聽到「行銷」這兩個字，也許多少能夠想像得到是怎麼一回事，可是一旦再加上「數位」，可能就會讓很多人的腦袋突然停止思考，是吧？

一般所謂的數位行銷，是指透過電腦、智慧型手機及平板電腦等數位終端裝置，在網路上進行的行銷活動。尤其是智慧型手機的普及，讓許多人在網路上接觸資訊的次數及時間都大幅增加（據說現在每人每天使用智慧型手機的時間平均約為 3 小時）。

在這種時代潮流變化的影響下，數位行銷成了今日備受矚目的重要行銷手法之一，引進數位行銷的企業每年都不斷成長。

但令人意外的是，很多人都誤以為「數位行銷＝運用自家公司的網站來做行銷」。就狹義的解釋而言這或許正確，不過真正的數位行銷，其實是指活用更廣泛的各種數位媒體以獲取大數據的一種全面性部署行動。

不只是如網頁行銷等與自家公司網站相鄰接的數據資料，也包括能透過口碑方式傳播資訊的 Twitter、Facebook 及 LINE 等社群網路服務、可依據設置地點之地區特性設定目標受眾的數位電子看板、能以數位方式集中管理並運用顧客資料的集點卡，甚至是使用者從何處來訪等位置資訊。

此外，還能做到以網路資訊將顧客誘導至實體店面，藉此達成網路商店與實體店面的虛實整合 O2O（Online to Offline）效果。進而能夠在最好的時機，精確地傳送最適當的訊息，以便與每一位顧客建立更深層次的關係。

現在，數位網路正以有機的方式持續擴展。

我們能從各種情境中收集並發送顧客資訊。就此意義而言，數位行銷或許應被重新定義為，利用「數位資料」的行銷活動會更好。

由新冠疫情衝擊促成的遠距工作風潮，讓面對面的銷售方式不再流行，日益加速轉往電商（電子商務）。於是對商業人士來說，學習「數位行銷」的手法，好在網路上吸引顧客並培養忠誠度高的粉絲，進而於線上完成交易（成交＝購買行動），已是迫在眉睫的重要課題。

就這層意義來說，瞭解如何透過網路有效率地使銷售最大化的「數位行銷」，可說是非常適合所有商業人士的一個主題。

本書運用豐富的插圖清晰解說，讓對數位行銷一無所知的入門者也能充分理解。誠心希望本書能在各位理解數位行銷的過程中，提供一臂之力。

95個應學必記的專業用語

圖解數位行銷的基礎入門必修課

Contents

Chapter 2
與其他網站做出區隔，戰勝對手

Chapter 3 塑造自家品牌，讓潛在顧客變粉絲

Chapter 4
讓人不由自主地買下去的 CV 終極奧義

Chapter 5
更具成效的數據資料活用法

Chapter 6
因 AI × 5G 而帶來了變化的數位行銷的未來

Chapter 1

一定要知道的
數位行銷基礎知識

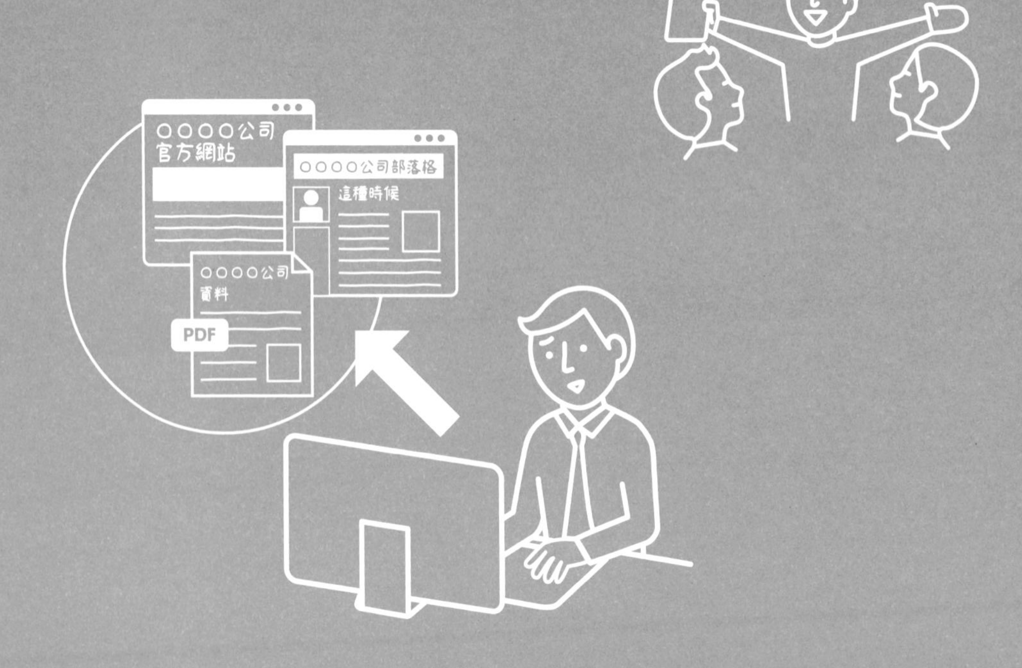

什麼是「數位行銷」？
它和「行銷」到底有何不同？
本章將回答這些關於數位行銷的疑問。
此外還會介紹近年來各個業界
在數位行銷方面的各種嘗試。

01 行銷到底是為了什麼而存在？

其實很多人都沒有正確理解「行銷」一詞的意義。雖說也有人將行銷解釋為「市場調查」或「廣告」等，但實際上就更廣泛的意義而言，它具有掌握市場的概念。也就是一種「能持續創造銷售機制」的系統。

首先，讓我們試著把我們想得到的、似乎代表了「行銷」的詞彙都列舉出來。一般人想得到的大概不外乎「市場調查」、「廣告」、「商品開發」、「推銷」……等等。沒錯，這些都是做行銷時必不可少的重要元素，但這無法呈現行銷的全貌。這些都只是為了銷售商品及服務的一個面向罷了。而且是以企業方「想販賣商品」的意圖為前提。

想賣東西的意圖被消費者看穿

網路及社群網路等的普及讓消費者變得更精明，能夠眼尖地看穿企業方的這種想法。在這種情況下，不管再怎麼做市場調查或推銷，消費者大概都不屑一顧。這時的重點就在於，如何創造消費者「**想購買的慾望**」。就企業活動而言，商品與服務必須持續不斷地銷售，因此行銷或許可被定義為「持續創造消費者購買慾望的活動」。於是，除了剛剛列舉的「市場調查」、「廣告」、「商品開發」、「推銷」之外，還有「促銷」及「開設店面」、「設計」、「品牌塑造」等各種元素也都與行銷有所關聯。換言之，幾乎所有在企業裡工作的人，都以某種形式參與了行銷活動。

02 什麼是數位行銷？

令人意外地，很多人都誤以為數位行銷＝運用自家公司的網站來做行銷。然而真正的數位行銷，其實是指活用更廣泛的各種數位媒體，並進一步運用所獲取的大數據的一種全面性部署行動。

在網路從電話撥接轉換至 ADSL 固定式高速連線，並廣泛普及於一般家庭的 2000 年時期，企業所進行的數位行銷，就相當於現在所謂的**網頁行銷**。當時就連網購都還不是很常見，社群網路也不普及，因此選項和活動範圍都很有限，於是自然而然地就形成了這樣的認知。但現在，數位網路正以有機的方式持續擴展。我們能從各種情境中收集並發送顧客資訊。除了被動地等待人們來到自家公司網站瀏覽

活用數位環境中各種多樣化的資訊

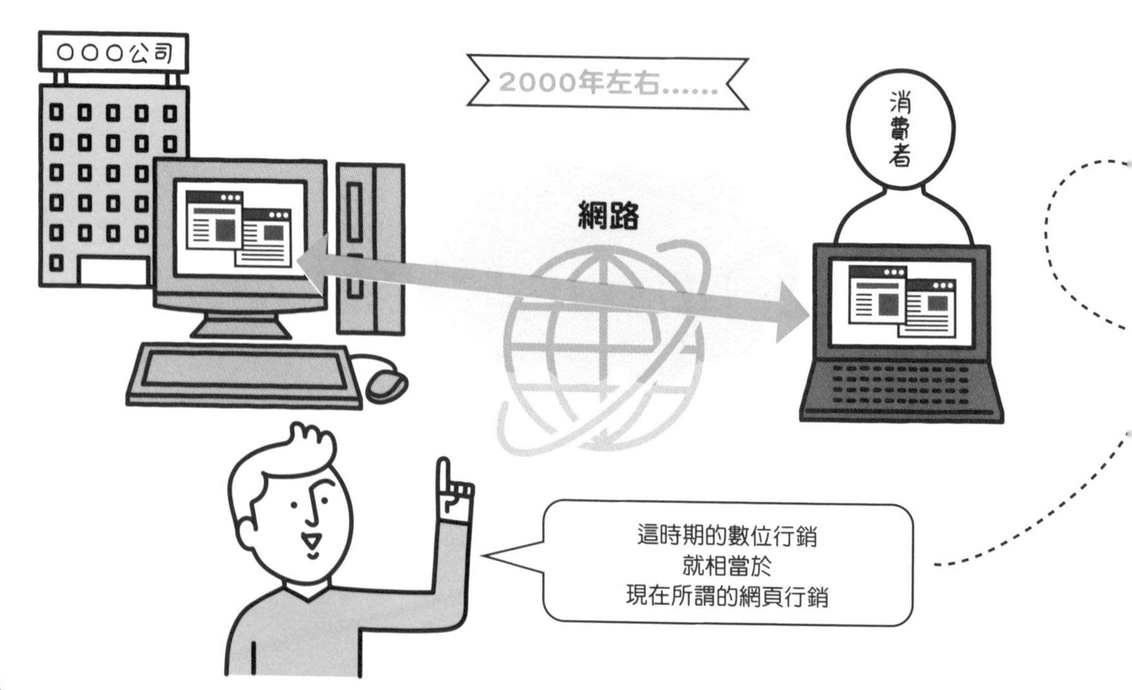

外，還可以發送電子報，以低成本傳送資訊給更多的使用者。而運用 Facebook 及 Twitter、IG（Instagram）等的**社群媒體行銷**也和網頁行銷一樣，屬於數位行銷的一部分。還有個人部落格等，撇開規模上的差異，也都具有與社群媒體行銷類似的性質。

然而所謂的數位行銷並非僅止於此。舉凡客服中心所收集到的資訊，以及實體店面 POS 所累積的數據資料等，將延伸於網路之外的各種資訊以數位方式集中管理並加以運用，才是數位行銷的本質。

當行銷轉往數位時，會有什麼樣的改變？

傳統的廣告淺而廣，目的是要讓更多人認識自家公司的產品或服務。但數位行銷則是鎖定可能對某些產品或服務較有興趣的特定顧客群發送資訊，藉此發揮更大威力。

在傳統的行銷中，企業與消費者的接觸點主要在於實體店面、廣告、人際介紹（口碑）等。亦即透過這些接觸點讓消費者認識企業的商品及服務，進而誘導其購買行為。而到了網路時代，又再加入**搜尋**和**社群網路**等元素。但若是因此便以為數位行銷＝搜尋＆社群網路，那可就大錯特錯。和傳統的行銷一樣，不論搜尋還是社群網路，都是連結企業與消費者的接觸點，而從接觸點誘導購物行為的程序也都相同。那麼，傳統的行銷和數位行銷到底差異何在呢？其中一個主要差異，就在於打廣告的方式。

有效傳遞消費者想要的資訊

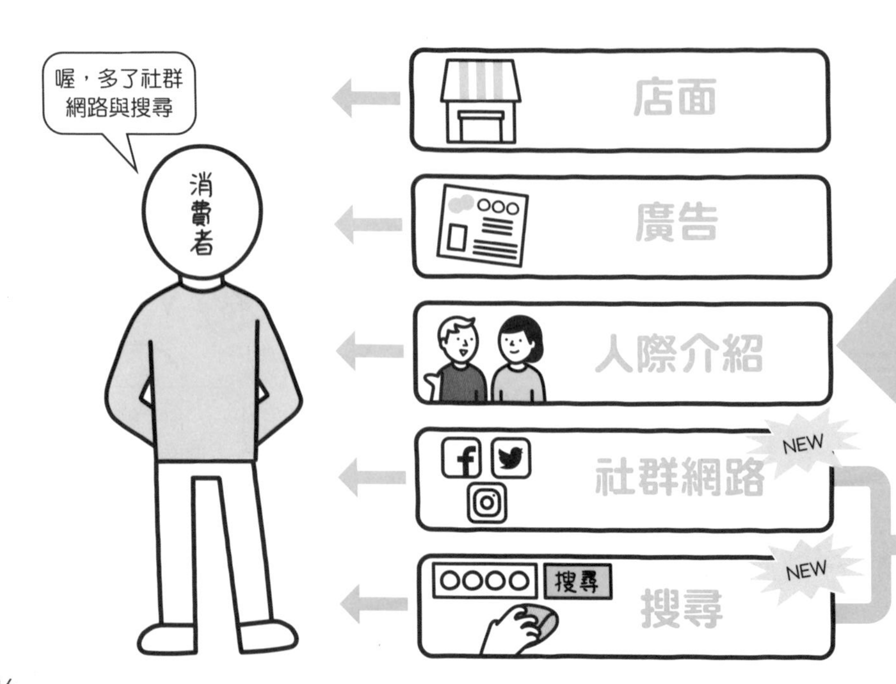

以化妝品為例，以往主要都刊登於女性雜誌或報紙等，亦即廣泛地在與預期消費族群重疊的媒體上打廣告。換言之，媒體的選擇就是主要的判斷基準。但是數位行銷，則能夠從消費者所瀏覽的網站、所輸入的搜尋關鍵字等紀錄，來找出該消費者目前感興趣的領域、類別，然後打出符合其興趣的廣告。這正是為何一旦消費者進行過與化妝品有關的搜尋後，便會在似乎毫無關聯的新聞網站廣告欄看見化妝品相關資訊的原因。能夠密切關注每一位消費者，就是數位的優勢。像這樣的廣告被稱做「行為定向廣告」，目前是以①為匿名資料，②是經消費者本人許可而取得之資料，為基本前提來實行。

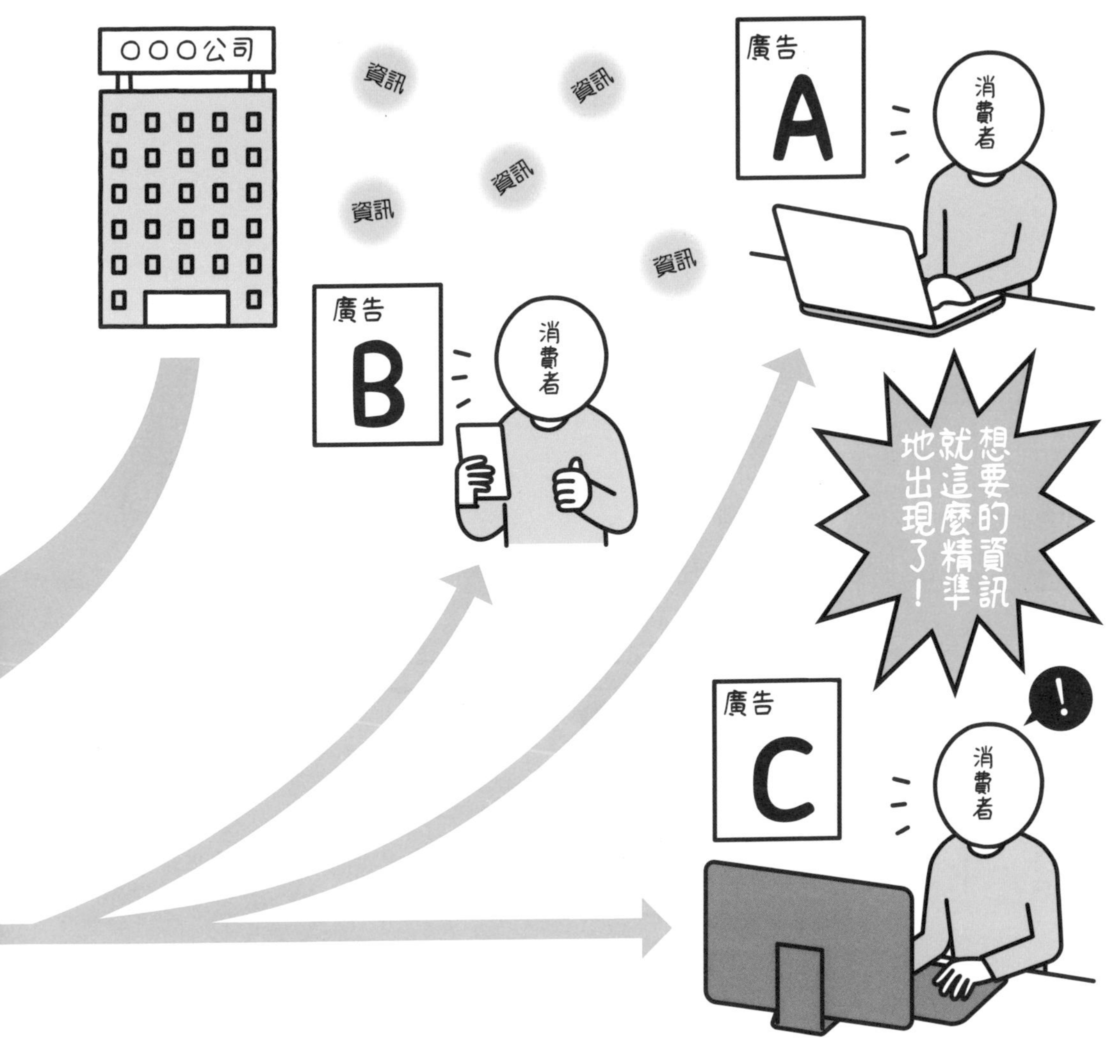

數位行銷的特性①「可搜尋性」、「雙向性」、「即時性」

隨著網路社會的到來，消費者便能夠輕鬆地比較、研究更多的資訊，並提出感想及需求。而對企業來說，能夠與之應對的快速行銷也變得極為重要。亦即必須發掘消費者的需求，並傳送準確的資訊才行。

過去的行銷，基本上都是在持續發送一些未更新的固定訊息。其做法就是長期以單向傳播的方式，單純將自家產品的魅力不斷地傳達給消費者。然而網路的普及，為這樣的行銷風格帶來了巨大變化。

首先是**可搜尋性**。以往消費者都是依據企業所發送的資訊，來選擇「買」還是「不買」。但現在的消費者則能夠輕易地比較同類商品，獲得了「選購」的權力。

提升消費者的方便性與滿意度

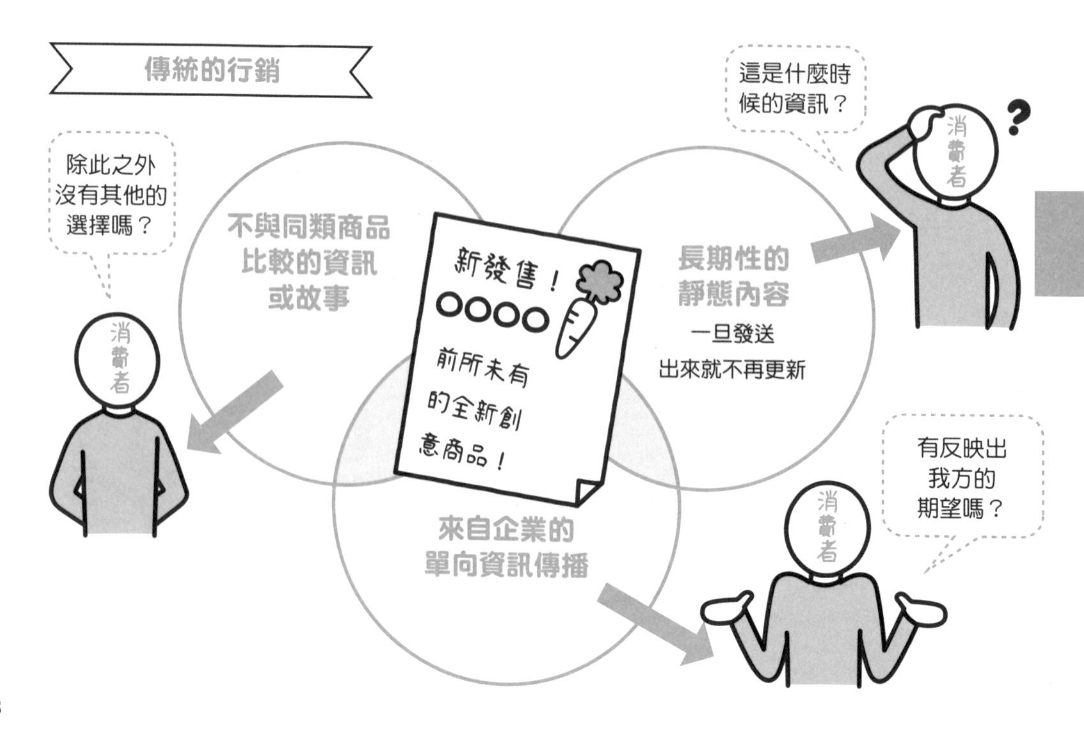

其次是**雙向性**。以往消費者除了在有限社群內的口耳相傳外，並不具有傳播資訊的能力。但今日很多人都能透過網路來傳達自己的意見與需求。而這不僅意味著消費者的需求水準提高，同時也可說是發掘其潛在需求的絕佳機會。

最後是**即時性**。印刷品形式的廣告一旦發送出去，其內容就固定了，但網路上的廣告不僅能夠與時並進，即時更新，還能透過在訂購商品或出貨時寄送電子郵件的方式，即時通知每一位消費者商品的運送狀況。這樣的靈活度，在贏得消費者的信賴上發揮了極大作用。

數位行銷的特性②
鎖定目標對象與個人化

持續發送消費者不感興趣的廣告內容根本毫無意義。廣告要能夠精準傳遞對方需要的資訊，才有價值。而在這方面能夠發揮威力的，就是所謂的鎖定目標對象與個人化。

透過更詳細的分析來觸及特定顧客

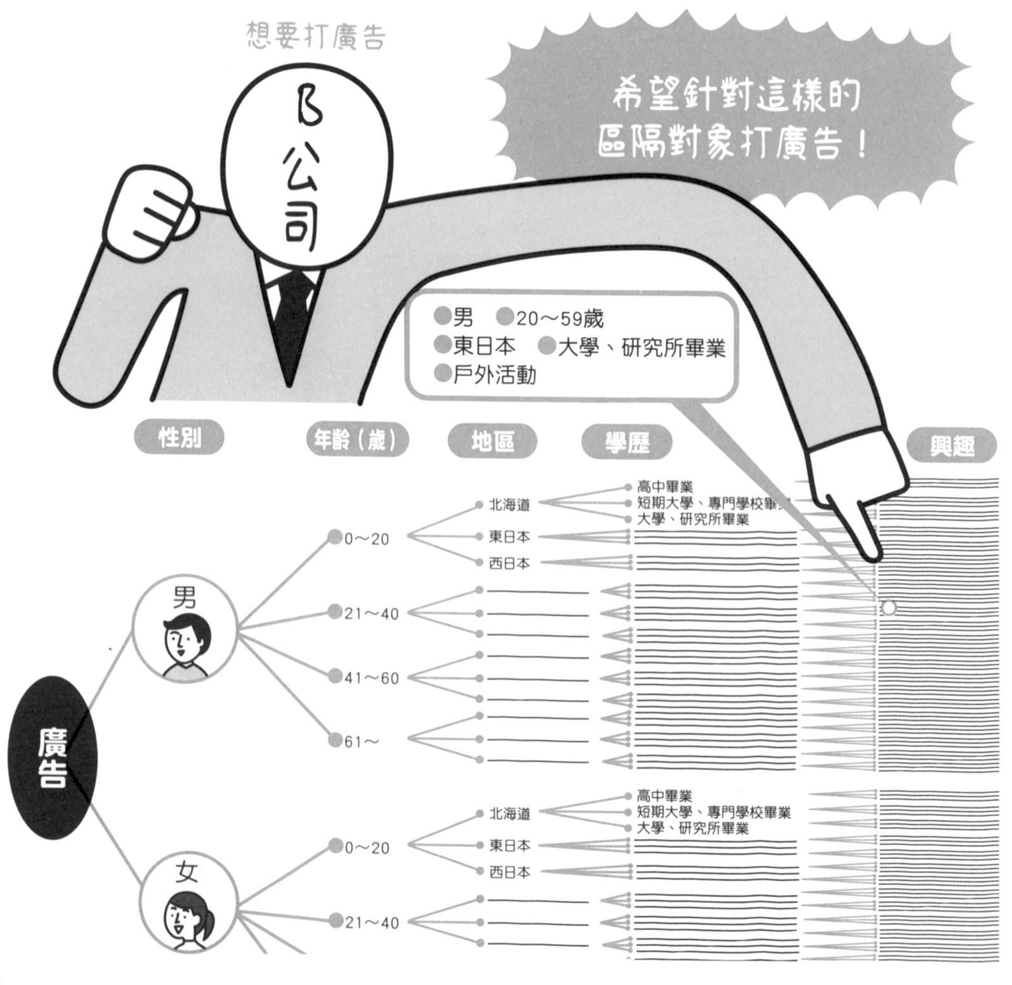

舉例來說，假設有個企業想替自家的戶外休閒用品打廣告。這時光是付出大筆廣告費，對著大量使用者顯示同樣內容的廣告，也只會讓成本不斷增加，但卻毫無成效。所以，這家企業嘗試選擇能將效果最大化的做法，亦即先推測主要的顧客群，藉此縮減廣告發送量。若以性別不拘、年齡為 20 ～ 59 歲、有車、過去曾經搜尋露營場資訊等為條件來進行篩選，想必就有很高的機率能找到對戶外活動有興趣的消費者。這就叫做**鎖定目標對象**，也就是針對符合廣告內容條件的使用者發送廣告。藉由這種方式，便能提高相對於廣告顯示次數的點擊率、自家公司網站的拜訪率，以及商品的實際銷售業績等。

而成功鎖定目標對象後，接下來的重點就在於**個人化**。所謂的個人化，是指適當地因應顧客需求，分別為每個顧客提供不同的內容。也就是要分析顧客的購物行為等使用者屬性相關資料，以最大化使用者體驗。像 Amazon 網站便會依據顧客的搜尋及購物紀錄，來調整顯示在首頁上的商品，這就是個人化的一個例子。

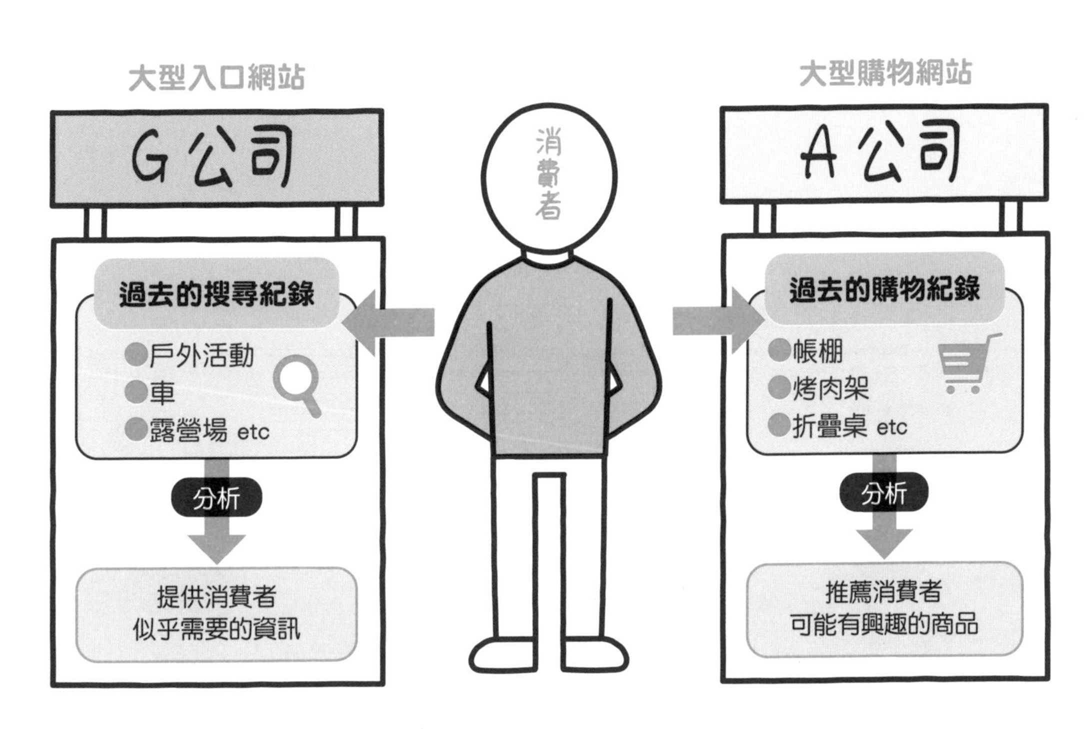

數位時代的消費者行為模式「AISARE」

消費者從一開始到實際轉換至消費的一連串行為，具有一定的規則。確實瞭解此規則，便能夠促進消費、促進持續的購買意願。而最新的這種行為模式，就是 AISARE。

過去，我們主要都以如下圖所示的 **AIDMA** 和 **AISAS** 等概念來理解消費者的行為模式。這兩者最大的差別就在於，網路環境普及後才出現的 AISAS 納入了 Search（搜尋）、Share（共享）的概念。相對於 AIDMA 極端地集中於從個人的心理轉變，到做出購買的結論行為，AISAS 則是消費者對自己有興趣的商品積極地自行收集資訊，且若對實際購入的商品感到滿意，還會與第三者共享該資訊。但 AISAS 也還不完整。

傳統的消費者行為模式 AIDMA 與 AISAS

A：Attention（注意）→ 這是什麼？
I：Interest（興趣）→ 好像很有趣
D：Desire（慾望）→ 有點想要
M：Memory（記憶）→ 怎麼辦？該不該買呢？
A：Action（行動）→ 就買吧！買了！

→ 這是什麼？
I：Interest（興趣）→ 好像很有趣
S：Search（搜尋）→ 來調查一下！
A：Action（行動）→ 就買吧！買了！
S：Share（共享）→ 這很讚！也推薦給大家！

此模式只能讓我們預期到，因消費者的口碑而使得銷量一時增加的部分。於是後來又有人提出了新的概念，**AISARE**。這個新概念和 AISAS 的不同處在於，最後的 S（共享）被換成了 Repeat（重複）與 Evangelist（傳道者）。AISAS 只能讓企業追逐商品短暫的熱賣及流行，若要成為真正的暢銷商品，就必須得到會持續購買同一商品（或系列商品），而且還會熱情地向周圍宣傳其魅力的粉絲才行。因此行銷要成功，努力摸索出能擄獲這種 Evangelist（傳道者）的策略就顯得非常重要。

新的消費者行為模式 AISARE

A：Attention（注意）
這是什麼？

I：Interest（興趣）
好像很有趣

S：Search（搜尋）
來調查一下！

A：Action（行動）
就買吧！買了！

R：Repeat（重複）
下次也要買這個！

E：Evangelist（傳道者）
我要讓大家都
知道它的好！

07 數位行銷的趨勢變遷

從數位行銷開始受到矚目的 2000 年左右起，人們便逐漸思考並設計出各式各樣的網頁行銷手法。雖說之後，各種手法不斷以象徵了時代的形式逐一登場，但最新手法並非就是行銷的主流。

自 2000 年左右起，當網頁的行銷價值開始獲得認同的時候，就有好幾種行銷手法被構思了出來。在那個黎明時期，橫幅廣告和**電子報**、**聯盟行銷**、**SEO** 等都相當受到矚目，而 2005 年之後，更接近數位行銷的訪問分析、電子郵件行銷，以及與評估個人資訊傳播能力有關的部落格等，進一步成了行銷的趨勢。接著進入 2010 年代，智慧型手機和社群網路的普及底定了數位行銷的方向，同時也創造出了運用大數據的主要潮流。然後在最新的技術方面，則以 AR 及 VR、AI 等為新的流行方向。

最新的手法不見得最重要

2010年～

社群網路、智慧型手機、大數據、DMP※

※Data Management Platform，資料管理平台。集中管理並分析累積在網路上各個伺服器中的大數據資料，以及自家公司網站的日誌紀錄數據等，以最佳化廣告投放等行動計畫的一種平台。

2015年～

AI、AR、VR

重要

電子郵件行銷、社群網路

最重要

SEO、電子報、聯盟行銷、智慧型手機最佳化、訪問分析但有一點必須要注意。那就是，在數位行銷中，最新趨勢不見得就是能產生最大效果的主流技術。

若是要透過數位行銷來提高生產力，必須以最高比重投入的其實是 SEO、SEM、電子報、聯盟行銷、訪問分析等自早期開始就為大家所利用的技術。而據此來針對做為消費者資訊平台的智慧型手機進行最佳化，便成了最迫切的課題。從最初期開始就獲得採用的手法終究是有其存在的理由，因此將最新趨勢視為一種附加價值的來源加以運用，才是明智之舉。

趨勢　重要度

2000年～
橫福廣告、SEO、
電子報、聯盟行銷

2005年～
訪問分析、電子郵件行銷、
部落格

次世代
行銷
AI、AR、VR

進化版
大數據、
DMP etc

數位行銷的基礎是「集客→培養→談生意」

數位行銷很容易讓人懷抱只要活用網上的資料就能做成生意的幻想，但實際上實體的活動也很重要。兩者必須於相互連動的同時，透過 3 個步驟來達到最終成果。

以 BtoB（以企業為對象的業務）來說，第一個步驟是「**集客**活動」。商業交易的起點不僅限於網路媒體，實體的，亦即非數位的報紙及雜誌廣告、傳單、展覽會等，往往也都能成為起點。故在此步驟應針對所有具接觸點的「潛在顧客」，促使其瀏覽自家公司在網路上的廣告或公司網站等。

下一個步驟是「**培養**活動」，先運用網路上的電子報及社群網路、白皮書（詳見 P86）等，再次將顧客引導回實體，使之參與研討會。

從數位行銷到成交

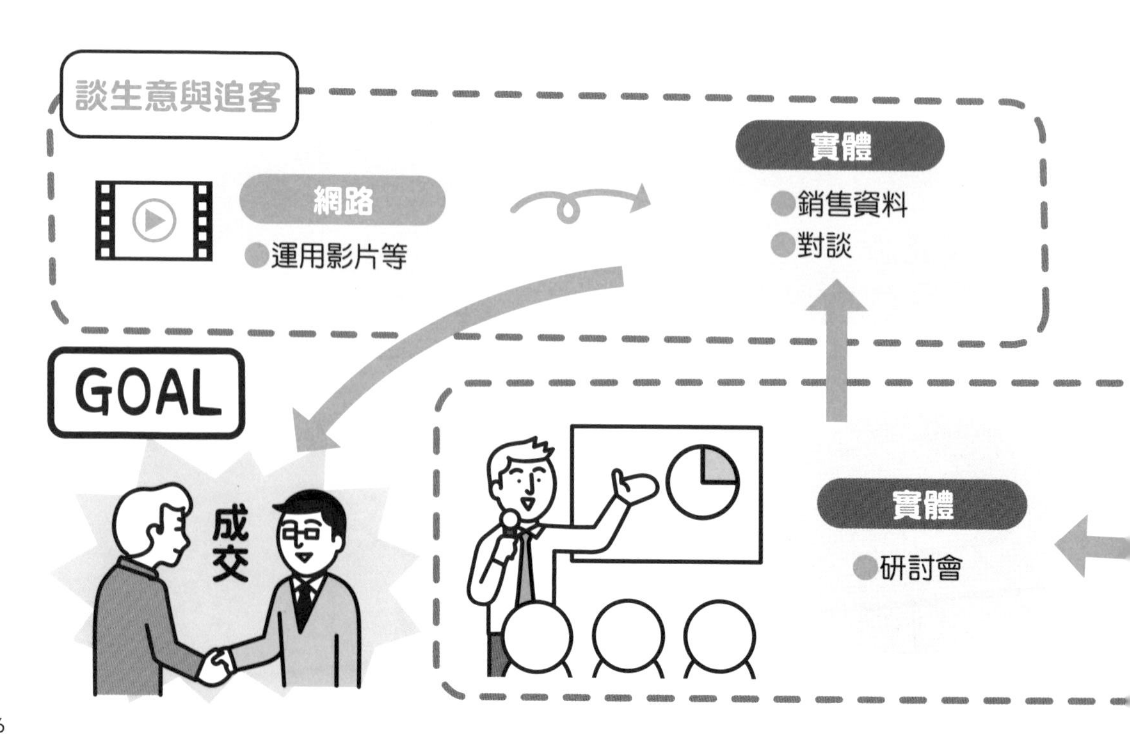

這個步驟是要加深「潛在顧客」對自家產品或服務的理解程度，但還無法成為決定性的一步。而再下一個步驟的「**談生意**與追客活動」，則是以實體方式，藉由提供具體的銷售資料，以及由業務員與顧客面對面溝通，來達成最終的成交目標。就談生意與追客而言，實體的活動方式固然重要，但利用網路上的影片資料等做法其實也非常常見。就算生意沒談成，也可確認是在 3 個步驟中的哪個階段失敗，藉此掌握行銷活動的問題所在，並為下一次的商務洽談研究改善策略，以便成功抓住新商機。

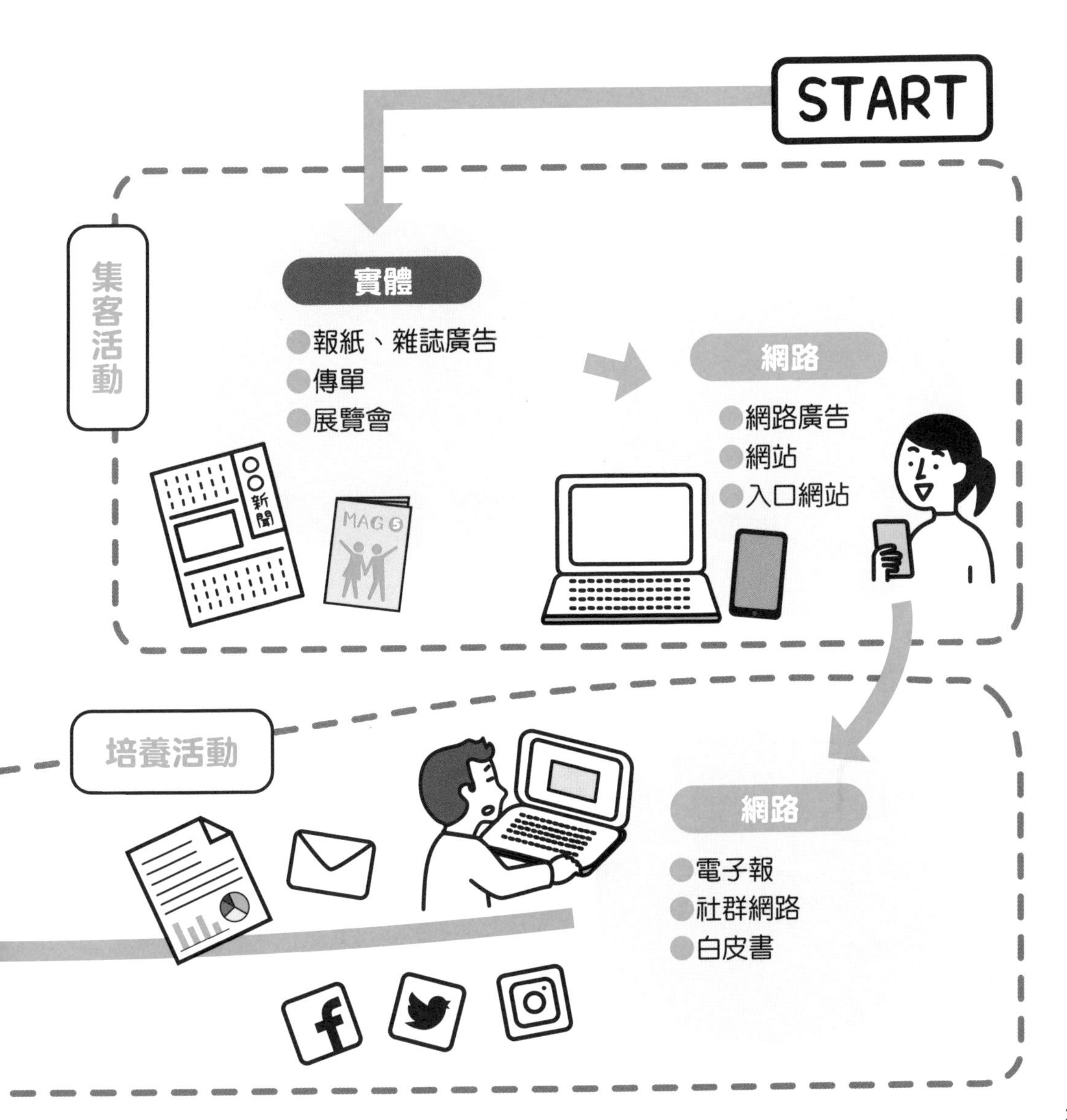

顧客旅程與接觸點—分析並預測顧客的消費行為

消費者與企業的接觸點存在於各式各樣的情境中，但各個情境的顧客屬性與行為內容都不同，於是便各自形成一個流程。這稱為顧客旅程，是行銷的一大指標。

讓我們來整理一下消費者從一開始到購買商品為止，與企業之間所產生的**接觸點**（Touch Point）。首先，在接觸點①「認知」，毫無商品知識的人（A），或是沒買過商品的人（B），開始 Attention、產生 Interest，然後在②「研究」階段進行 Search。③「行動」就相當於購買商品或使用服務的 Action，而消費行為可能就此結束，又或是 Repeat。④「推薦」就是喜歡商品的消費者成為 Evangelist 的過程，不過依據消費者所屬的群體為（A）～（D）不同，其推薦的行動熱度也會有所不同。

與消費者之間的接觸點變化

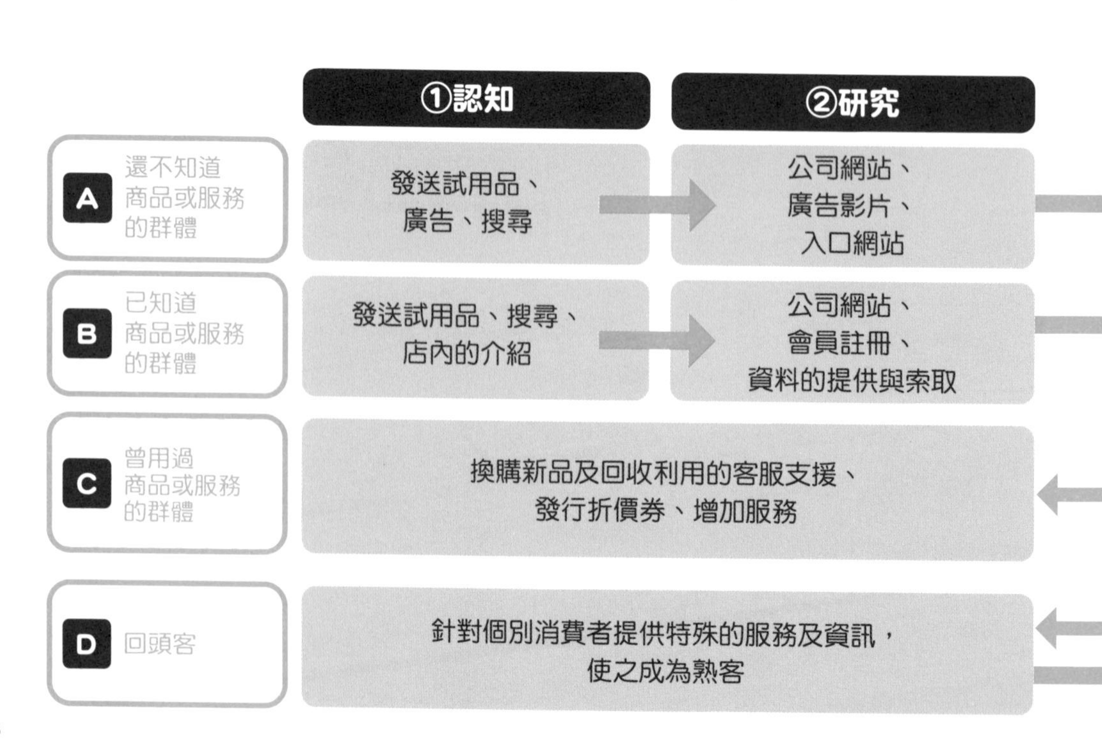

即使是經歷過 Repeat，已成為曾用過商品或服務的群體（C），也可能再次走上①～④的流程，但比起（A）和（B），其再次 Repeat 的機率會提高。而一旦進入（D），就已可算是狂熱的粉絲群。消費者像這樣於接觸點圖表內行進的過程，就叫做**顧客旅程**。

企業方在各個接觸點所應採取的行動都不同，必須根據消費者的熱情做出適當回應才行。亦即藉由適當的回應，好讓消費者能在顧客旅程中進入更深的層次（圖表中的下一格），成功轉變為更熱情的回頭客。

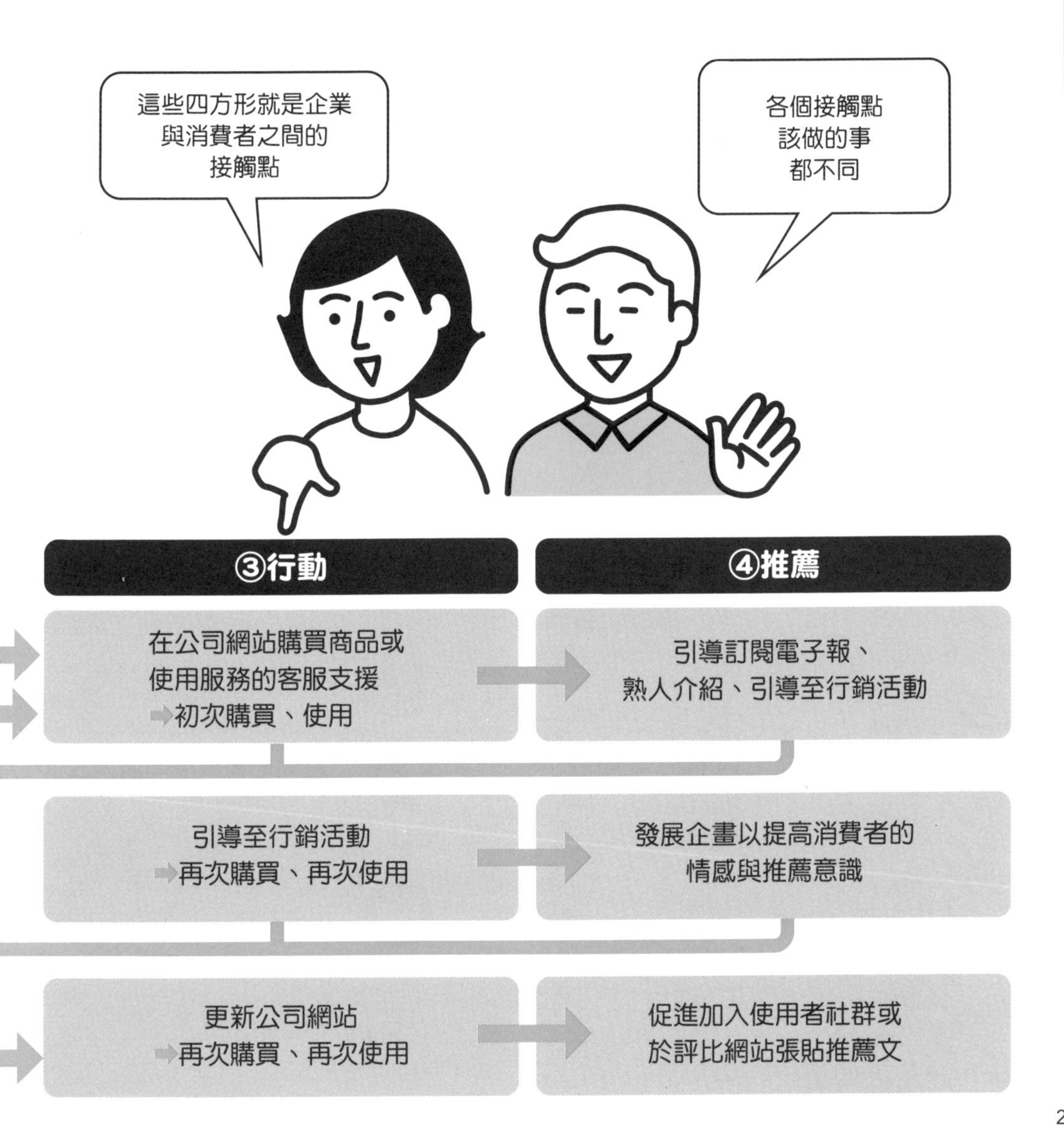

各行各業的最新數位行銷案例 ①Airbnb

Airbnb 是運用網路，將全世界的飯店及民宿等與旅行者連接起來的住宿預訂服務供應商。Airbnb 並不保有自己的住宿設施，它是透過充分發揮數位行銷的特性來提供高品質的使用者體驗，藉此得以快速成長。

刊載各地的住宿設施資訊以招攬住宿客的網站，在網路上多不勝數。而其中散發出了格外強烈的存在感並快速成長、壯大的，就是 Airbnb。像這樣的仲介網站，由於不需保有並維護自己的住宿設施，因此系統一旦完成，維持營運所需的固定成本就會降低。但在為數眾多的同業之中，於其他公司的服務競爭下，為何只有 Airbnb 的市佔率與業績能夠大幅提升呢？解開此謎題的關鍵就在於，**UX**（使用者體驗）與 **UI**（使用者介面）。

壓低了邊際成本的 Airbnb 仲介系統

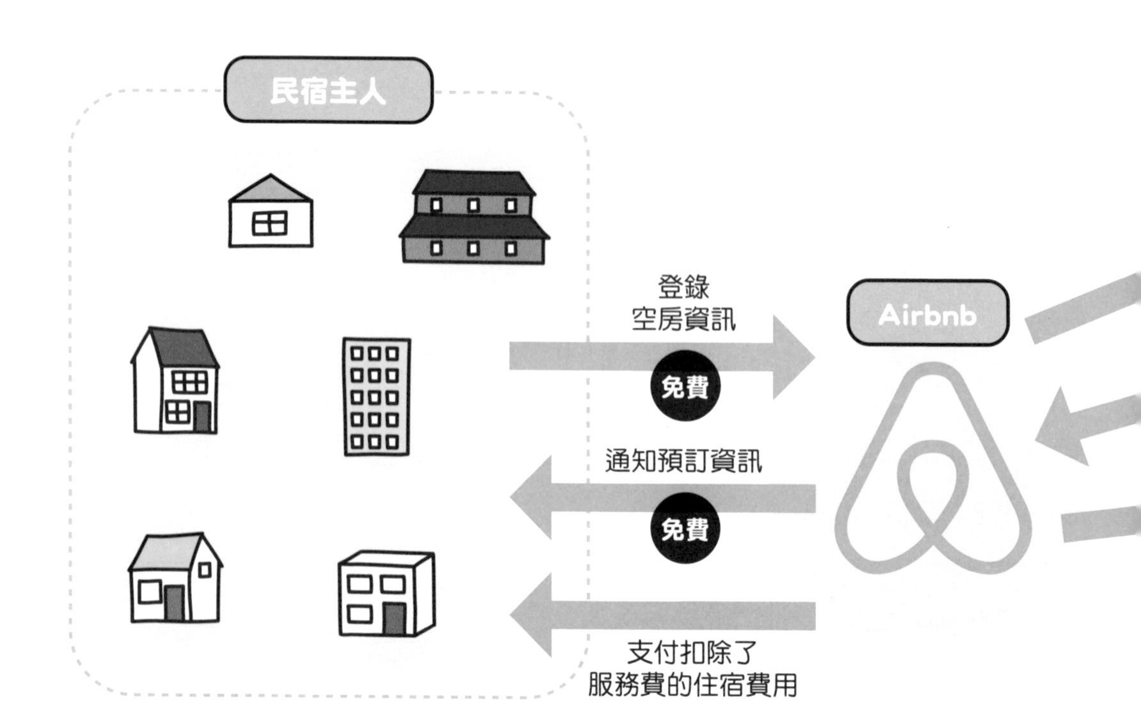

這裡所謂的使用者，不只是住宿客而已，也包括提供住宿設施的民宿主人或飯店、旅館方。提供住宿的不僅限於大型飯店，也有一些提供的是私人住宅的空房間，由於這些資訊也都能依據住宿方的需求，和大飯店一樣平等地被揭露出來，因此絕不會有某一方特別吃虧。而基於 Airbnb 介紹的房間較令人安心的心理保障，還能享有可讓人輕鬆預訂的好處。此外，據說一般發生在住宿設施提供者和住宿客之間的爭執，大部分都和錢有關，而住宿費用的部分也是由 Airbnb 擔任中介角色，所以不容易發生問題，可為雙方提供舒適的使用者體驗。事前揭露的物件資訊與住宿後的意見評論等 UI 也都很清楚明白，不易產生問題，故能建立出更高的可信賴度。

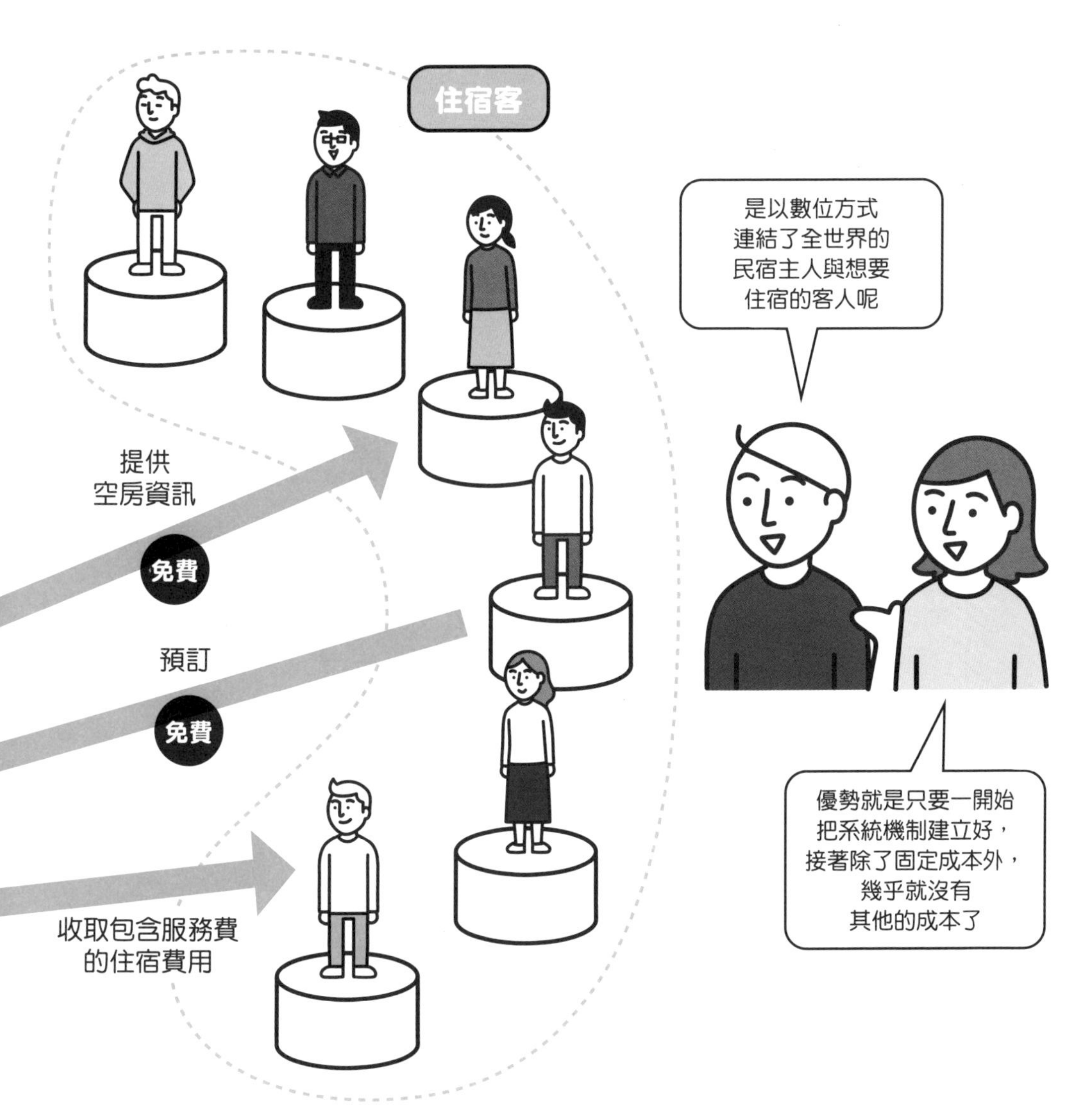

各行各業的最新數位行銷案例②日產汽車

日產汽車一直以來，都是在實體銷售據點採取面對面的銷售方式。雖說後來也進一步在其他商業設施中，開設了讓顧客感覺壓力較小的步入式商店（walk-in store），但卻感覺不到其效果，直到導入數位行銷後，才成功使其效果視覺化。

説到賣車，不論是新車還是中古車，基本上都是由顧客親自到銷售據點實際查看車子，並聽取業務員的説明之後，才下訂購買。但光靠被動式的策略遲早會被時代淘汰。因此，日產汽車開始實施新的行銷措施，亦即在顧客能夠更輕鬆地賞車的其他商業設施內，設置吸引顧客用的集客用據點，並以之為接觸點，將顧客誘導至銷售據點。雖然就結果而言，確實看得出業績提升了，但仍留下一個問題點，那就是無法測量集客用據點實際上到底做出了多少貢獻。

以數位方式掌握顧客動向

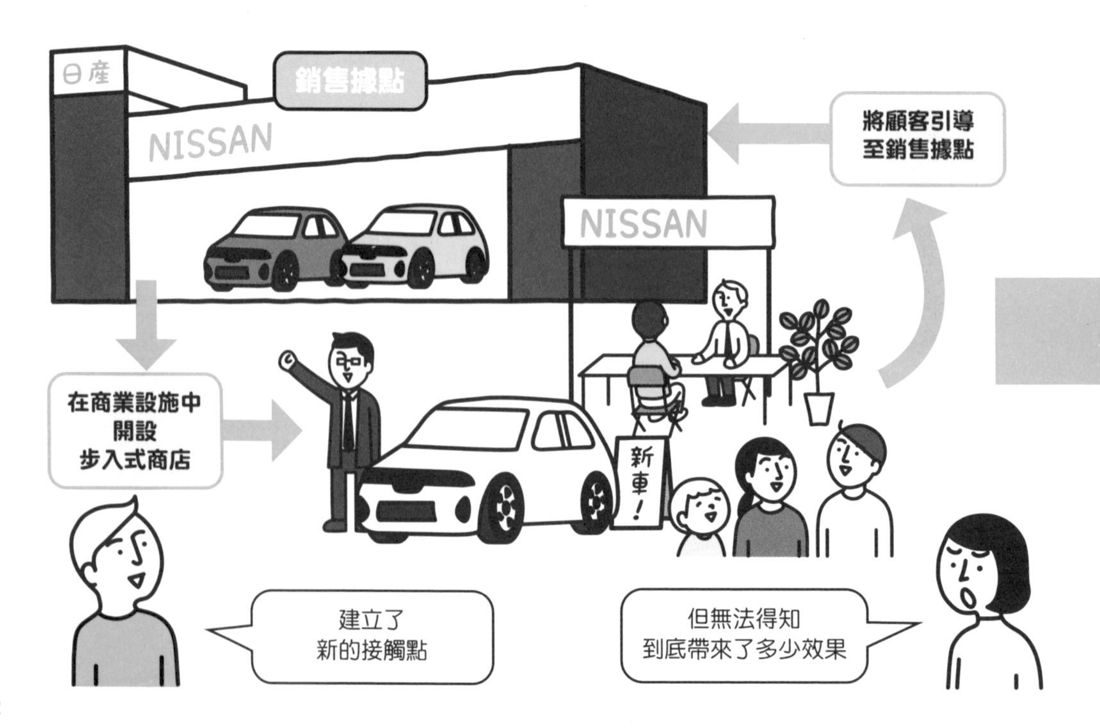

為了解決這個問題，日產汽車便與大型電信公司合作以導入真實來客分析系統。具體來說，就是分別在集客用據點和銷售據點設置 Wi-Fi 存取點，以收集來店顧客的資料。如此便能夠追蹤曾去過集客用據點的顧客，之後去了哪個銷售據點。於是來自集客用據點的顧客轉移率得以被**視覺化**，便確定了這做法的確取得了一定的成果。而從各種資料的分析還發現，顧客到集客用據點參觀之後，若在 1 個月內有去銷售據點的話，其成交率較高。此外他們更依據顧客的心理動向及屬性，進一步展開基於顧客旅程的推銷措施，結果所獲得的利潤遠超出設置集客用據點與設置存取點的成本。

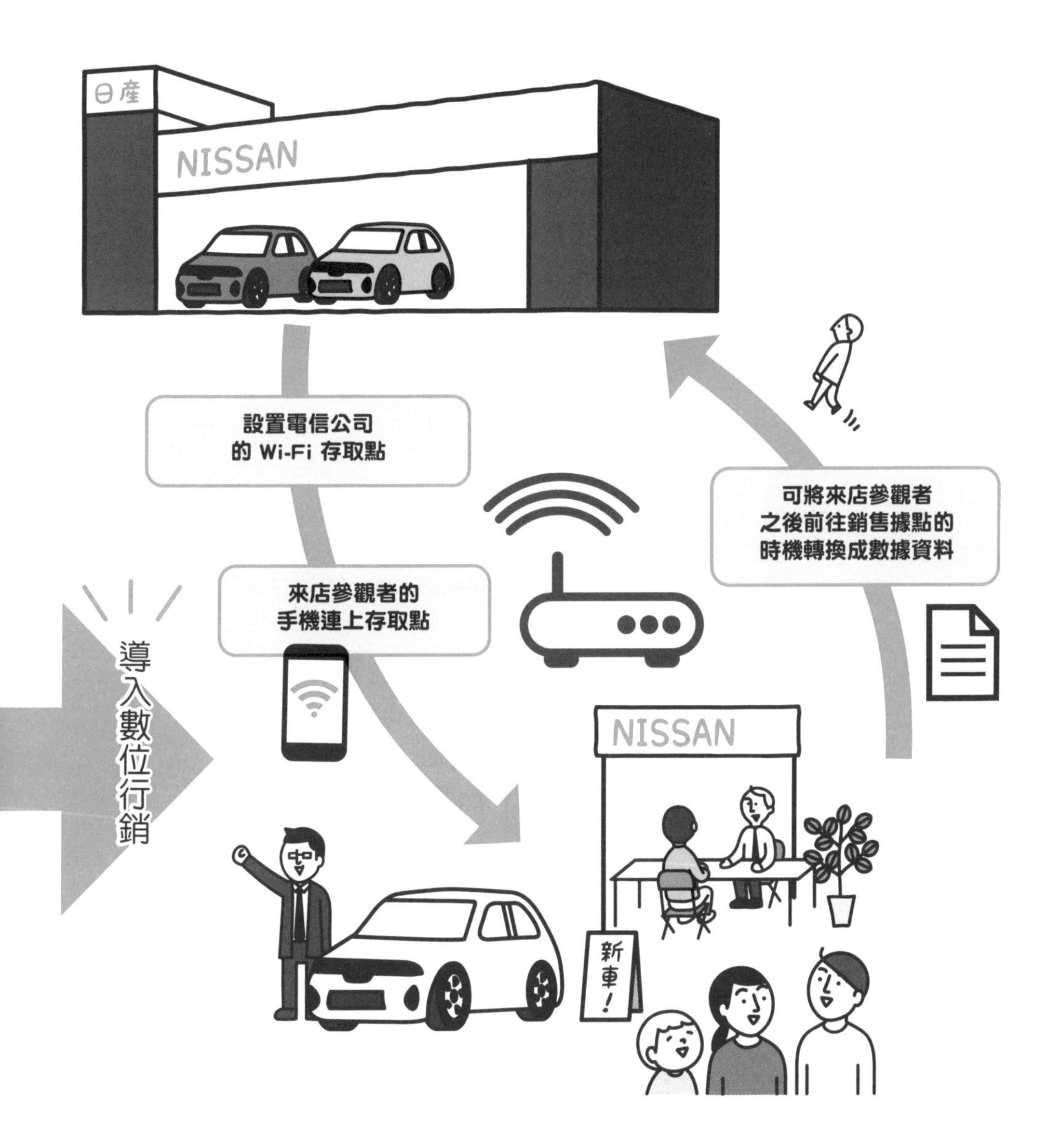

各行各業的最新數位行銷案例 ③Mercari

日本的 Mercari 二手拍賣網站之所以能使其用戶數量不斷成長，最大理由就在於，竭盡全力消除使用者的不安與負擔而造就的良好使用者體驗。而且，賣家增多，買家也會隨之增加，於是又再引來更多的賣家，形成良性循環。

賣家將自己不再需要的物品訂定價格並出售，買家則搜尋自己想要的物品，若價格可接受就買入。Mercari 所提供的正是這樣的網路交易場所。這些物品大半都是用過的二手貨，或是當初購入後未曾使用過的所謂新古品，故能以比一般流通的商品更便宜的價格買到正是其魅力所在。買方不需註冊為會員也可瀏覽目前掛賣的物品，但若是要購買，或者自己要賣東西時，就必須先輸入個人資訊並註冊為會員。

建構安全且安心的交易系統

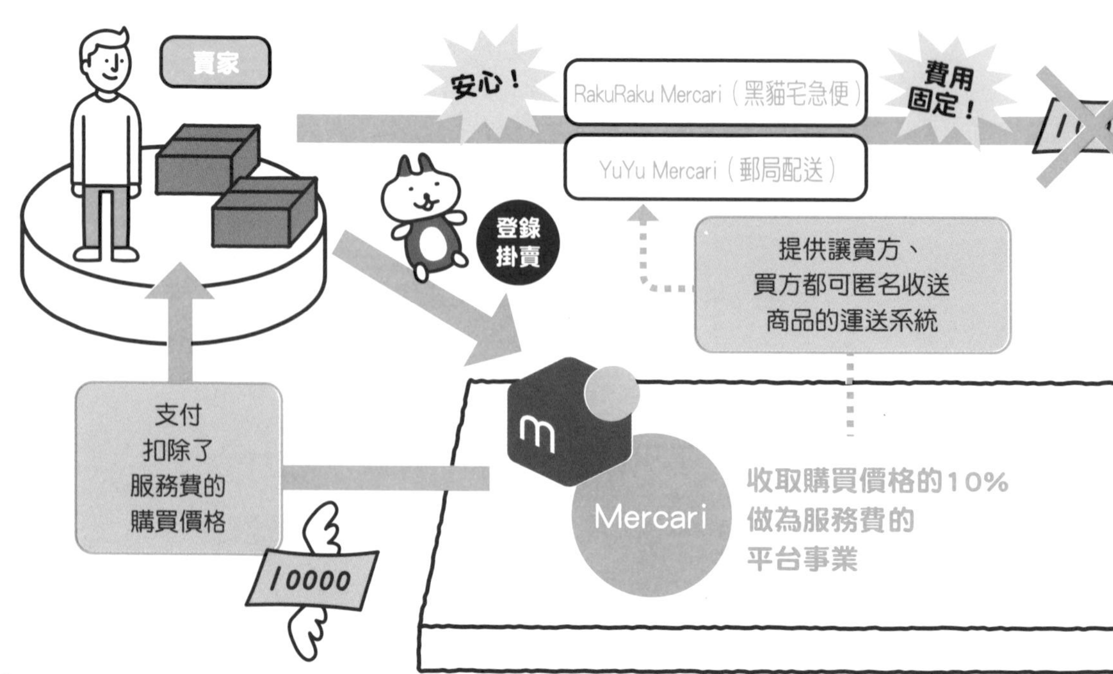

Mercari 剛開始提供服務時必須下載智慧型手機專用的 App，不過現在也可用電腦參與買賣，便利性正不斷提升。

以這類連結一般使用者的服務來說，會讓使用者感受到門檻的，是個人資訊的問題。交易成立後，賣方會將物品寄送給買方，但有不少人對於自己的名字和地址會被對方知道這件事覺得很抗拒。於是 Mercari 便引進了所謂的「Mercari 配送」服務。透過與黑貓宅急便及日本郵政合作的**匿名**配送系統，讓賣方不必填寫寄件人資訊。這些資料會由 Mercari 提供給運送業者，故寄件人和收件人都能在維持匿名的狀態下進行交易。這使得 Mercari 的掛賣物品數日益增加，買方也越來越多，結果又進一步吸引新的賣方加入，成功擴大了規模。

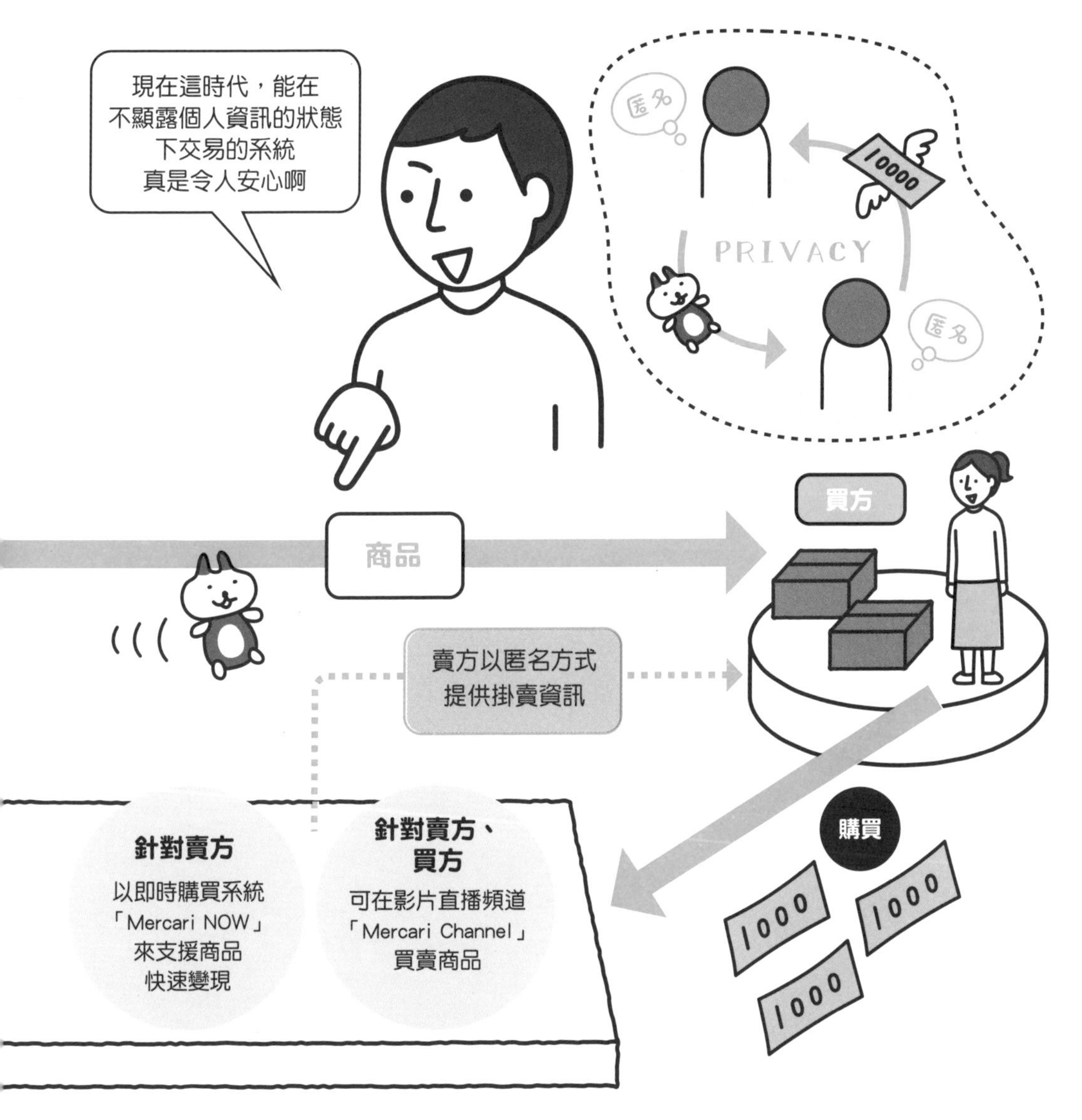

13 各行各業的最新數位行銷案例 ④中村印刷所

中村印刷所賭上全公司命運，開發出了名為「水平筆記本」的熱門商品。但其實該商品剛上市時，賣得並不好，累積了大量庫存。是開發者的孫女在 Twitter 上的一篇推文，為他們迎來了意想不到的轉機。

中村印刷所在東京都北區經營印刷事業多年。隨著電子化浪潮導致紙張印刷的需求一路走下坡，這間由家族經營的小型工廠便試圖自行開發新產品以尋求生路。而其所開發出的商品，是一種打開時，很靠近裝訂處的部分依舊能維持平坦好寫的「水平筆記本（方格筆記本）」。雖然也取得了製造法專利並開始銷售，但知名度一直很低，無法引起注意，導致銷量十分低迷。

將資訊傳遞給有需求的顧客而獲得轉機

大量的庫存讓他們萌生了放棄的念頭。某天商品的開發者把水平筆記本拿給自己的孫女，說：「你拿去給朋友用吧」但這位孫女基於「也許可以給畫圖的人用」的簡單想法，在 **Twitter** 上寫了一些關於水平筆記本的介紹，結果其推文迅速傳開，讓產品詢問度飆升。數千本的庫存瞬間售罄，進而發展並成長為一系列具不同格線的熱門商品。區區幾十個字的推文加上**社群網路**的擴散力，讓這間市街中的小工廠一夜之間引起了日本全國的矚目。

就這樣，知名度一舉竄升的中村印刷所，甚至還進一步與知名 JAPONIKA 學習帳（日本小學生用的筆記本）的生產商昭和筆記本公司進行技術合作，推出聯名商品。這可算是清楚展現了社群媒體行銷力的一個絕佳好例。

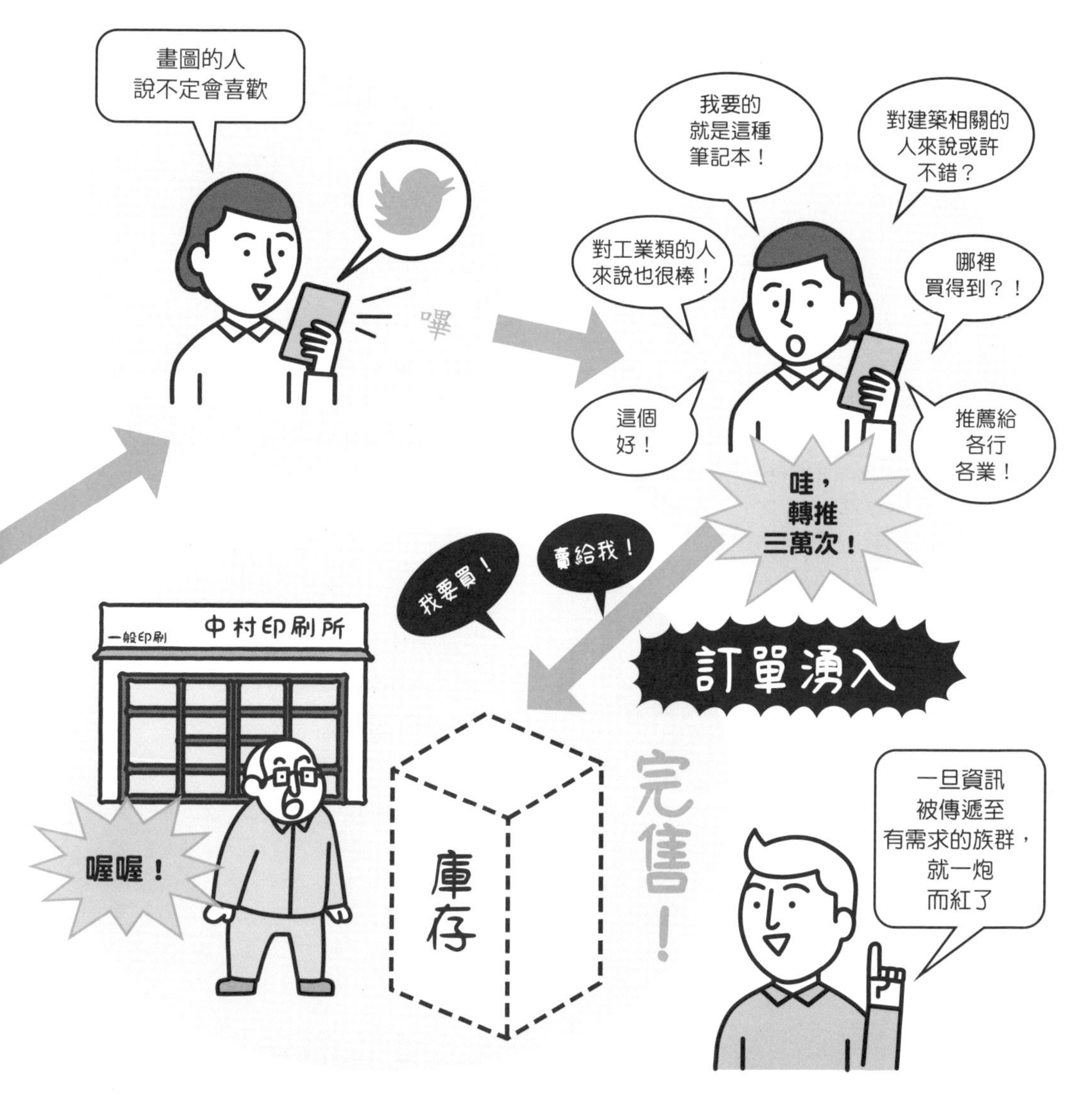

值得記住的數位行銷用語集①

1. 網頁行銷（P14）

數位行銷中特別著重於運用網站的行銷手法。泛指設立網站來進行商品銷售或品牌塑造（品牌識別、形象提升）等等的各種活動。現在絕大多數的企業幾乎都有在進行某些網頁行銷，因此需要研究一下如何能將內容的魅力精準呈現給目標使用者等，有必要找出可與其他公司做出區隔的手法。比起其他的行銷手法，網頁行銷具有資料取得較容易的優勢，而這使得資料分析起來也較輕鬆簡單。

2. POS（P15）

為英文「Point of Sales」的縮寫，發音類似「剖斯」。是一種匯總商品銷售業績的手法。而「POS 系統」為銷售時點資訊管理系統，是指使用自動掃描裝置掃描商品條碼，能夠以電腦精準執行從銷售管理，到顧客管理、庫存管理、進貨管理等的系統，已普遍應用於目前絕大多數的商品。

3. 鎖定目標對象（P21）

是指選擇特定市場，以便於該處進行有效率的行銷活動。現代的市場已被細分（區隔）為無數多塊。與其在每一塊市場中競爭，還不如選出最合適的一塊，針對特定使用者提供符合其需求的商品及服務（定位）。

4. 個人化（P21）

指針對每一位使用者實施最合適的行銷措施。亦即依據使用者的行為紀錄及購買紀錄等資訊，傳送顧客最想要的最佳資訊內容給顧客的行銷手法。在資訊社會中，大量的資訊四處氾濫，也包括網路上的廣告等。而個人化就是與此相反，僅直接傳送對各個使用者個人來說有效的資訊，好讓使用者與企業進行對話。藉此可增加潛在顧客。

5. 電子報（P24）

即電子版的報章雜誌。也就是在網路上，針對已註冊的使用者，以電子郵件統一定期發送各種文章及資訊的服務。屬於線上雜誌的一種。就利用網路的行銷手法而言，電子報的歷史悠久，約莫從 1990 年代末期起就持續運用至今。現在甚至更演變為所謂的「電子郵件行銷」，亦即適時發送適合每個不同使用者的內容，而非單純盲目寄送文章和資訊給所有註冊者。

6. 聯盟行銷（P24）

英文為 Affiliate，直譯成中文就是「聯盟」。屬於線上銷售手法的一種。亦即企業等單位於網路上，在個人部落格或社群網路、網站等處張貼其連結，好讓更多人連至其網站，以提升銷量。而因此獲得之利潤，會有一定比例（分紅）被支付給那些部落格或網站等的管理者（聯盟會員）。這樣的手法亦稱為「成果報酬」，也經常用於註冊會員及申請預約等除了銷售之外的成果。

7. 接觸點（P28）

事物之間的相接處。尤其在行銷上，也稱為顧客接觸點。這指的是企業等提供的內容或服務觸及到使用者的連接點。由於智慧型手機與社群網路的普及，讓接觸點變得更多樣，於是此概念便開始受到矚目。傳統的類比接觸點，包括了報紙、雜誌、傳單、小冊子……等等。相對於此的數位接觸點則包括網站、部落格、社群網路、YouTube、（傳統的）電視節目……等等更多樣的媒介，而瞭解各個接觸點的使用者行為模式等，並依此提供、顯示合適的內容與服務已變得越來越重要。

8. 顧客旅程（P29）

由英文「Customer Journey」直譯而來。是指以時間序列之形式呈現的一種行為模式，其中也包括了使用者所具有的情感與想法。或者也可說是，會隨著與接觸點等的關係而改變的、使用者的情感、思維、行為流程。過去主要的媒體只有電視、廣播、報紙、雜誌，故只要依據這些有限的接觸點來考慮顧客旅程即可，但在網路普及的今日，存在著多樣化的各種接觸點，於是企業就必須考慮更複雜的顧客旅程。例如可用如「認知」、「興趣」、「比較研究」、「購買」等為橫軸來分類整理，再於縱軸記下「接觸點」及「想法、情感」、「行為」等，做成地圖，藉此幫助視覺化並輕鬆分析。

9. UX（使用者體驗）（P30）

為 User Experience 的縮寫，即使用者體驗。意思是指使用者在使用某個商品或服務時，不會覺得困擾或麻煩，而是能夠開心地體驗其整個過程。以主題樂園為例，對遊樂設施或遊行表演覺得滿意、有和自己喜歡的角色互動接觸、對工作人員的親切對應印象良好……等等，都可算是 UX。而 UX 與以下所介紹的 UI，是相互搭配的一組概念。

10. UI（使用者介面）（P30）

為 User Interface 的縮寫。原本是電腦用語，後來泛指對使用者來說簡單易用的整體使用環境。傳統上，數位行銷討論的多半都是如何提升 UI，但現在則進一步擴展到了 UX 的重要性。UI，若以主題樂園為例，就只相當於遊樂器材及設施的外觀、角色商品等的展示這些部分。實際上，若是要掌握使用者心理並提升 UI 品質的話，就免不了會跟 UX 接在一起，因此就廣義而言，UI 包含在 UX 中。

11. Twitter（P36）

是一種在網路上，可用 140 個以下的字數，來寫出自己的想法（推文），也可瀏覽、查看別人想法的服務。今日企業有越來越多機會將 Twitter 做為數位行銷的一環來利用。除了在 Twitter 上張貼自家公司的廣告外，企業也可進一步擴散（轉推）使用者所張貼的與自家公司商品有關的推文。甚至，像這樣藉由告知跟隨者（粉絲）或留言評論的方式，還能加深與跟隨者之間的關係。

Chapter 2

與其他網站做出區隔，戰勝對手

在數位行銷上，
最重要的第一件事，
就是如何吸引
「Lead ＝新的潛在顧客」。
故於本章，我們就要來學習
關於「集客」的要點。

擔任核心的網站角色與種類

網站可說是數位行銷的窗口，也是根基。而其最主要目的，就是盡可能將更多來訪網站的使用者轉換成顧客。那麼為了達成此目的，該採取什麼樣的製作方式呢？

說到**網站**，總令人覺得好像很困難，但其實它就是一種運用了網路上的首頁的資訊傳播工具罷了。網站依其存在目的，可分為幾個種類。其中最具代表性的類型之一，就是企業網站。這是一種為了宣傳自己經營的公司而建立的網站，只要瀏覽該網站，便能理解這家公司的業務內容、業績狀況、企業文化及徵才資訊等。由於企業網站就像是代替名片般的工具，因此為了讓對該公司有興趣的人覺得可靠、值得信賴，多半都做得沈穩而中規中矩。

網站的製作必須要配合其目的

與生意直接相關的則是**電子商務網站**（網路商店）。這種網站以提高購買意願為目的，因此設計上除了著重於讓商品看起來很棒外，也要使購物車的配置及付款方式等簡單易懂。而媒體網站，可分成目的在於提供付費文章及獲取廣告收益的新聞網站，和專門宣傳自家公司的服務和商品的自有媒體（Owned Media）。尤其以自有媒體來說，除文章外，也會運用大量照片等，必須在商品的宣傳方面多下功夫才行。至於介紹特定商品或服務的推銷網站，藉由圖像式的設計來提升吸睛度是很有效的做法。還有，以引導轉換的性質很強烈的登陸頁面來說，最好能在各個頁面的各處設置按鈕等，必須設計出能讓使用者立即購買商品的網站結構。

自有媒體（Owned Media）必須選擇有價值的關鍵字

對自有媒體來說，提升搜尋排名與增加收益可說是直接相關。為此，就必須選擇最合適的關鍵字。而藉由有效地搭配組合各種關鍵字，便能夠縮小主題範圍，達成搜尋排名名列前茅的目標。

自有媒體就是用自己的網站來傳播自家公司的新聞及資訊等，也就是自家公司的媒體。雖說是針對自家公司的商品或服務，利用公關宣傳訊息及部落格等自己的傳播工具來提升廣告效果，但光靠單向的訊息傳送，實在很難讓來訪網站的人數增加。那麼，怎樣才能讓訪客增加呢？就是要選定「有效的**關鍵字**」，亦即從自家公司商品及服務的特色與好處中，找出與消費者的需求相符的關鍵字，然後大量製作充滿了

搜尋排名若提升， 生意也會變好

該關鍵字的原創**內容**。如此一來，搜尋排名便會升高，商機也隨之增加。像這樣的一系列手法，就叫做「**SEO**」，而其相關詳細說明請參考 P58。

在關鍵字的選擇方面，搭配組合很重要。舉例來說，若是以「溫泉」為關鍵字。就算可使用具 Google 定位功能的裝置來縮小區域範圍，但也還是太過含糊，很難讓搜尋排名名列前茅。這時若再搭配其他的關鍵字，加入該溫泉旅館的特色，會變成怎樣呢？例如加上「幽靜純樸」這樣的關鍵字來縮小使用者的選擇範圍。如此一來，由於被搜尋次數也會提升，便能將訪客引導至自有媒體，充分宣傳服務內容，進而達成吸引顧客的目的。

03 以三重媒體策略觸及顧客

媒體網站除了自有媒體外，還包括運用付費廣告與文章來發展的付費媒體（Paid Media），以及提高自己在其他公司網站上的評價的贏來的媒體（Earned Media），在此就要來思考以這「三重媒體」獲取顧客的策略。

自有媒體是指用自己的力量，建立自家公司的媒體，透過持續經營能引起使用者興趣的部落格等，來提升搜尋排名，藉此獲取收益的網頁媒體。但就媒體策略而言，光這樣是不夠的。在數位行銷上，觸及顧客的招數被稱做「三重媒體」。除自有媒體外，還有**付費媒體**、**贏來的媒體**，在建立可吸引顧客的戰術方面，這些都是很重要的概念。

秘訣就在於靈活地分別運用三種媒體

所謂的付費媒體，是指付錢給其他的入口網站或媒體，以刊登自家公司商品及服務之宣傳文章、廣告等的方法。雖說是付錢刊登，但也並不保證收益一定會因此提升。實行時必須仔細審查並評估宣傳媒體及所刊登的內容，以確保回報能超過所支出的成本。而贏來的媒體其實就是社群媒體的總稱。由於這些媒體不是我們的力量能夠影響的，故需要長期努力提升自家公司的內容品質，才能讓他們願意連結、引用。

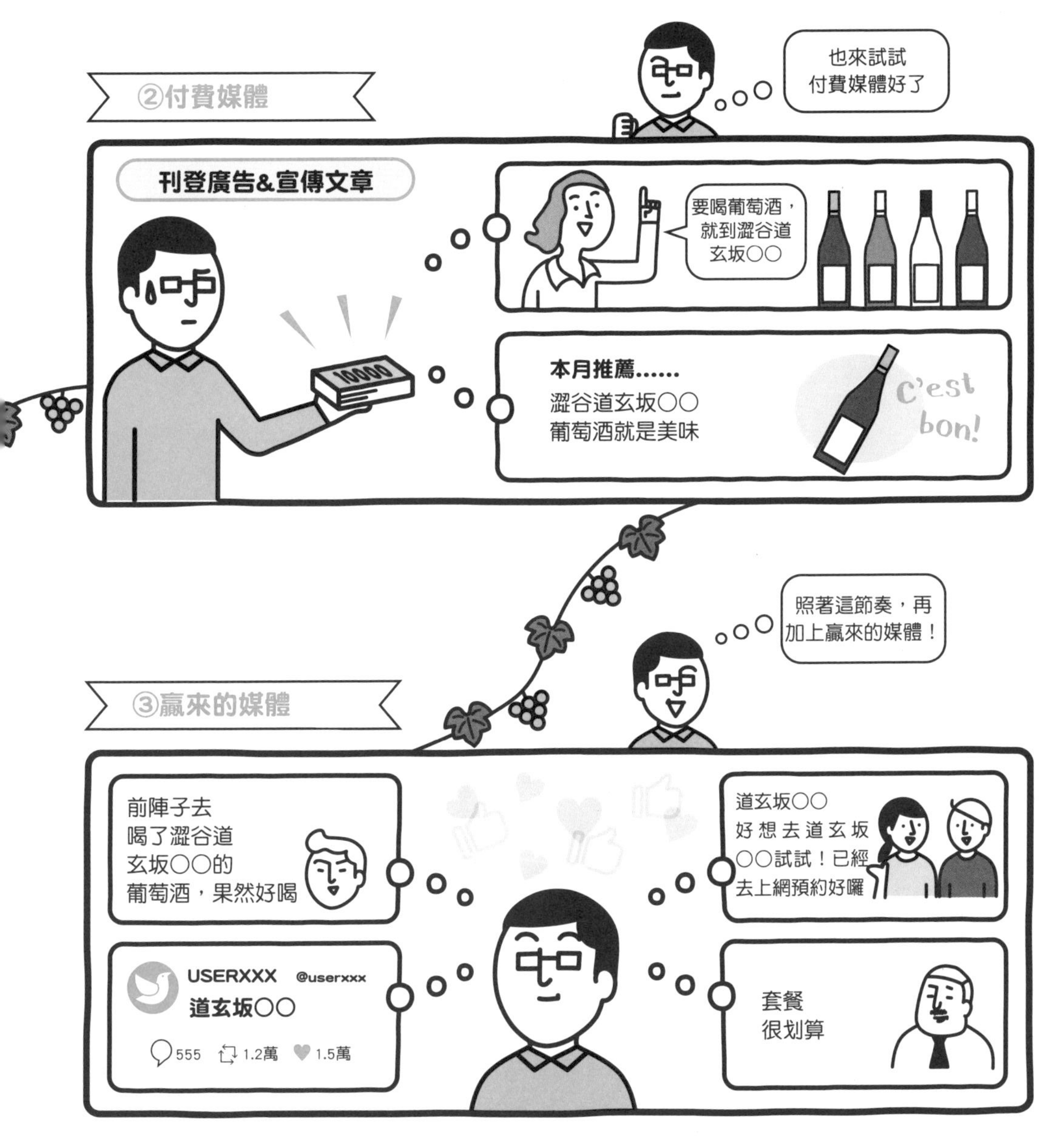

掌握集客類型，建立流量（流入）組合

光是網站的訪客數增加，無法為生意帶來什麼直接影響。接下來為了進行集客分析，亦即為了瞭解使用者是以什麼方式連入自家公司網站，讓我們先來建立可使流量一目瞭然的流量組合。

分析自家公司的網站到底是如何被搜尋到這件事，對今後做為事業的一部分來進行的網站營運來說，非常重要。那麼，進入網站的**流量**＝流入，有哪幾種呢？在世上最受歡迎的網頁分析工具 **Google Analytics** 中，集客類型可分為「直接（無參照來源）」、「自然搜尋（隨機搜尋）」、「付費搜尋」、「多媒體（展示型）廣告」、「參照連結網址」、「社交」、「電子郵件」這幾類。將這些流量類型，對應至從長期到短暫期間的時間軸上，便能做出讓人一眼就可看出流入趨勢的**流量組合**。

用流量組合來瞭解集客資料

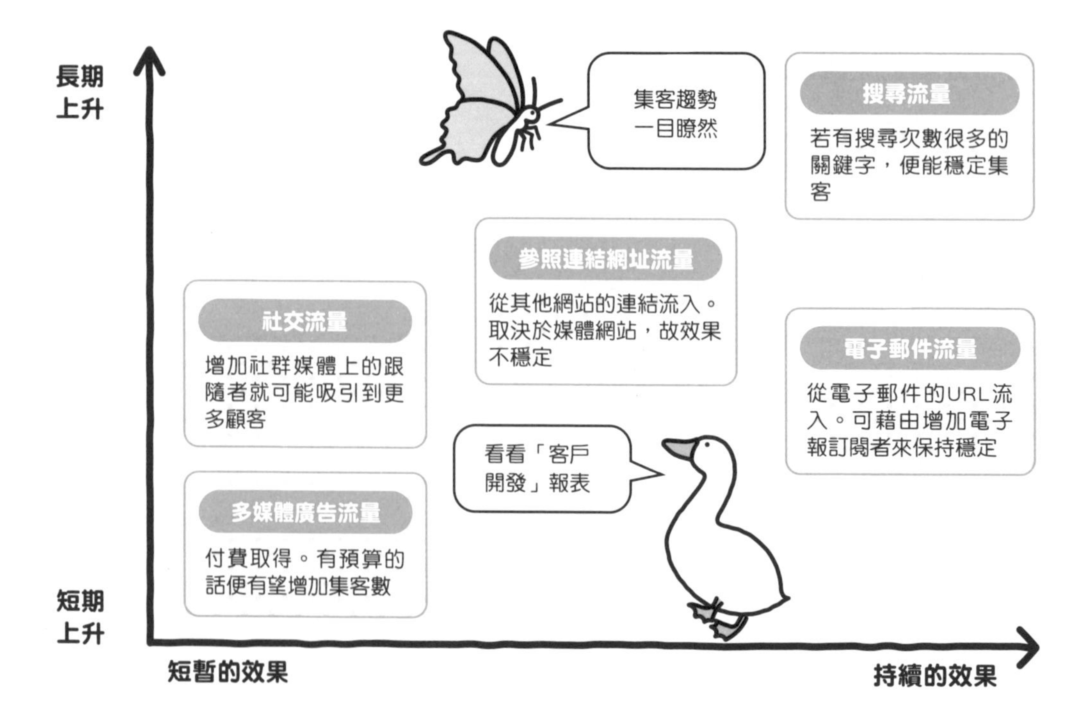

接著請針對各個流量類型，一邊比對自家公司的狀況一邊理解、分析。其中搜尋流量的部分，若能以搜尋次數多的關鍵字來確保名列前茅的話，便可望有穩定的流入。但若來自指定關鍵字的流入量較小時，代表商品知名度可能偏低。而多媒體廣告流量，是以付費方式確保的流量。當流入的使用者的重複訪問率偏低時，就表示幾乎沒帶來什麼貢獻，在著重以廣告帶入流量的情況下，這點尤其必須注意。參照連結網址流量和社交流量較多時，可視為是成功確保了來自外部連結的流入。不過社交流量的部分也可能只是一時性的短暫效果。另外直接流量多的話，很可能是因為來自瀏覽器的「書籤」或「我的最愛」的流入很多的關係。

分析自家公司網站的流量

搜尋流量多的情況①

若指定關鍵字佔了絕大部分，就表示商品等的知名度很穩定。但有時也可能代表了網站的內容不足

廣告多的情況

若有成功讓顧客回頭再訪，或有達成銷售目標的話就沒問題。回頭率偏低代表效果差

搜尋流量多的情況②

來自指定關鍵字的流入量較小時，可能是商品或服務的知名度偏低，這時就必須努力提升商品知名度

參照連結網址和社交流量多的情況

參照連結網址（來自外部連結）的流量多時，可能是從外部網站的文章流入。但社交流量往往是一時性的短暫效果，必須特別注意

直接流量多的情況

來自瀏覽器的書籤或「我的最愛」、應用程式等的直接流入。很多時候只是不知道正確的參照來源，或者也可能是因伺服器端的重新導向等而導致參照來源不見

※流入網站的「自然搜尋」關鍵字可於Google提供的免費工具「Search Console」中檢視。

數位行銷必不可少的概念「SEO」是指什麼？

所謂的 SEO，是讓自己的網站在網路的搜尋結果中顯示在較前面的一種措施。由於針對 Google 搜尋引擎的策略就是其關鍵，因此必須以正確的方式進行才行。

使用者在網站上搜尋時，通常都會從 Google 或 Yahoo! 等的搜尋結果中排名較前面的網站開始瀏覽。也就是說，若能讓自己的網站排在搜尋結果的前幾名，便有機會擴大商機。而針對此目的所採取的對策，就叫做 **SEO**（Search Engine Optimization）。換言之，SEO 的目的就是，在使用者以網站營運者想定的指定關鍵字搜尋時，使其網站顯示在搜尋結果的前幾名，藉此增加該網站的訪問量。而現在的 SEO，基本上就是針對 Google 搜尋引擎的策略。

用 SEO 來增加網站的訪問量

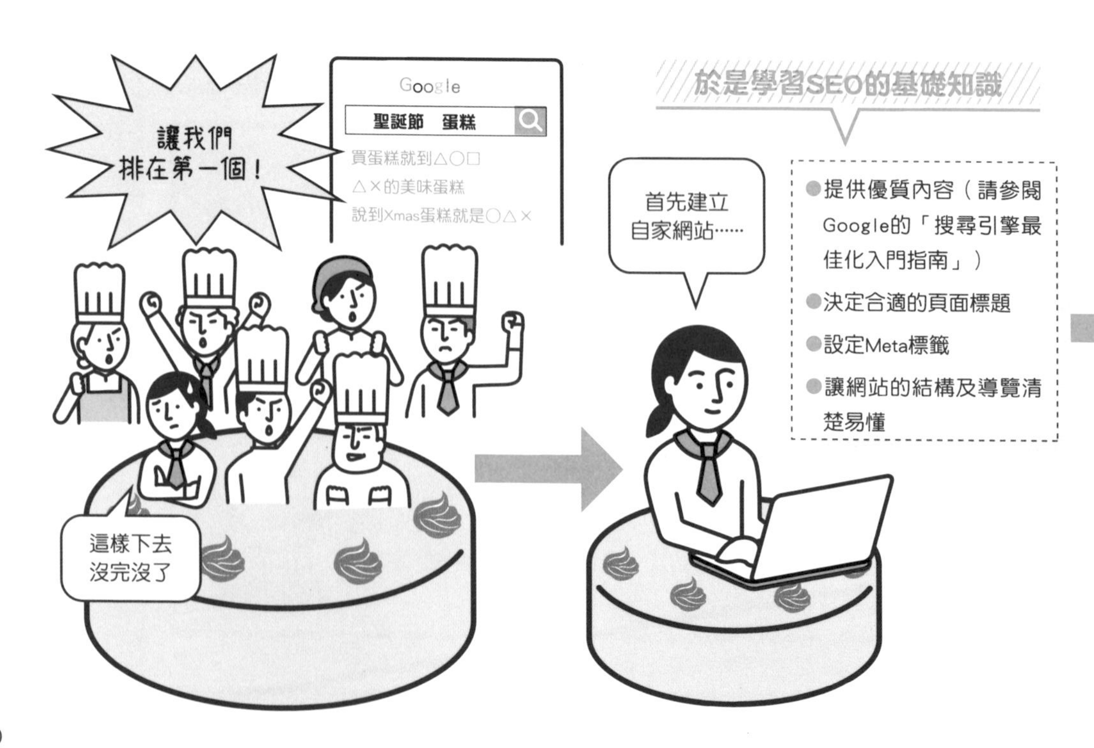

那麼怎樣才能讓 SEO 發揮效果呢？這取決於自家公司的網站內容是否符合使用者搜尋時所提出的查詢，以及網站結構是否對搜尋引擎來說清楚易懂。因此必須注意的是以下 4 點：①設定合適的頁面標題、②設定 Meta 標籤、③清楚易懂的網站結構與導覽系統、④提供高品質的內容。這些乍看之下或許會讓人覺得困難，不過 Google 提供的「搜尋引擎最佳化入門指南」裡有詳細說明。裡頭寫的都是實行 SEO 時的必要注意事項，很值得一讀。此外，新的網站若是要讓 Google 認識，也可選擇向 Google 申請註冊，請務必一試。

SEO的歷史①從目錄索引式到機器人式搜尋引擎

SEO 打從商業網路的黎明期開始就已經存在。最初是以人工逐一查看網站並做出評價的「目錄索引式搜尋引擎」為主流，現在則是由 Google 所導入的「機器人式搜尋引擎」取而代之。

在 1990 年代的中期到後期，大部分的搜尋服務是由 Yahoo! 所佔據。當時的搜尋引擎是「目錄索引式搜尋引擎」。以階層結構為特色，如金字塔般，從頂點往下逐層擴展。由於還處於窄頻的商業網路黎明期，網站也多半都結構單純，並且被嚴謹整齊地分類於各個搜尋類別中。負責分類並登錄這些網站的人被稱做「Web Surfer（網路衝浪者）」，亦即是由人工逐一檢查各個網站。而直接申請註冊以登錄至 Yahoo! 網站，則是當時增加被搜尋次數的捷徑。

從目錄索引式的搜尋引擎開始

另一方面，較晚才出現的 Google，則是很早就開始針對大幅成長的商業網路思考其應對策略。他們的策略是運用被稱為「機器人」的程式，來判定網站的排名順序，這就是所謂的「**機器人式搜尋引擎**」。當然，這並不是由人形機器人來代替人類打鍵盤輸入資料，而是由名為 Web Crawler（網路爬蟲）的電腦程式去巡邏、查看各個網站，並從網頁原始碼中讀取必要資訊。之後再將讀到的資訊登錄至搜尋引擎（＝建立索引），便可完成資料庫的資料收集。比起以人工方式逐一查看網站，成功展現出了更高準確性的「機器人式搜尋引擎」，在 1990 年代後半將 Google 推上了最大搜尋引擎的寶座。

轉變為機器人式搜尋引擎的時代

機器人式搜尋引擎的特色

◆由名為「Web Crawler」的機器人負責建立索引
◆擁有符合使用者搜尋行為的精準度

SEO的歷史②「PageRank」與「被連結的數量與品質」決定了網站影響力

分為 11 個等級的「PageRank（網頁等級）」，是 Google 搜尋引擎用來衡量各個網站的影響力的指標。此外，被許多搜尋結果排名靠前的網站連結，也會讓網站的重要性增加，使其搜尋排名上升。

在網路的世界裡，有無數多的網站存在。除了從大型的入口網站到有力的電子商務網站、瀏覽量高的部落格、名人的個人網站等具影響力的網站外，也有才剛剛上線頁面數量還很少的網站，或是內容空洞的網站等沒什麼影響力的網站，要決定出所有網站的等級順序真的是一大工程。於是 Google 便以自創的判定方法，將所有網站分類為「0 ～ 10」的共 11 個等級，這就是所謂的「**PageRank**」。也正是這個判定方法的採用，讓 Google 的搜尋引擎有了飛躍性的大幅改善。

被評為高 PageRank 的條件

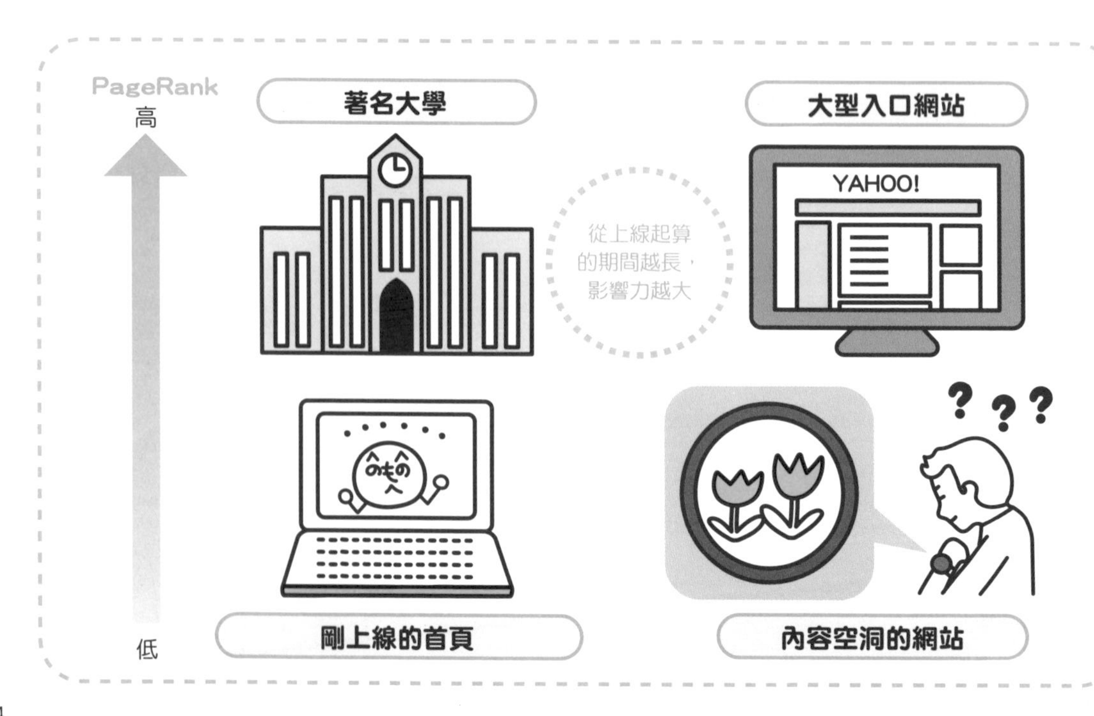

越是長期間具有廣泛影響力，並提供高品質內容的網站，PageRank 就會給予越高的評價。像 Yahoo! 等大型入口網站，以及具權威的教育機構網站等便屬於此類。不過現在，Google 不再公開各網站的 PageRank，所以大家都只能以搜尋排名等來推估自家公司網站的 PageRank 等級。而除此之外，**被連結**（反向連結）的數量與品質也都是評估網站影響力的指標。Google 認為「獲得了越多連結的網站重要性越高」，因此斷定被大量引用＝被大量連結的網站，其品質較佳。

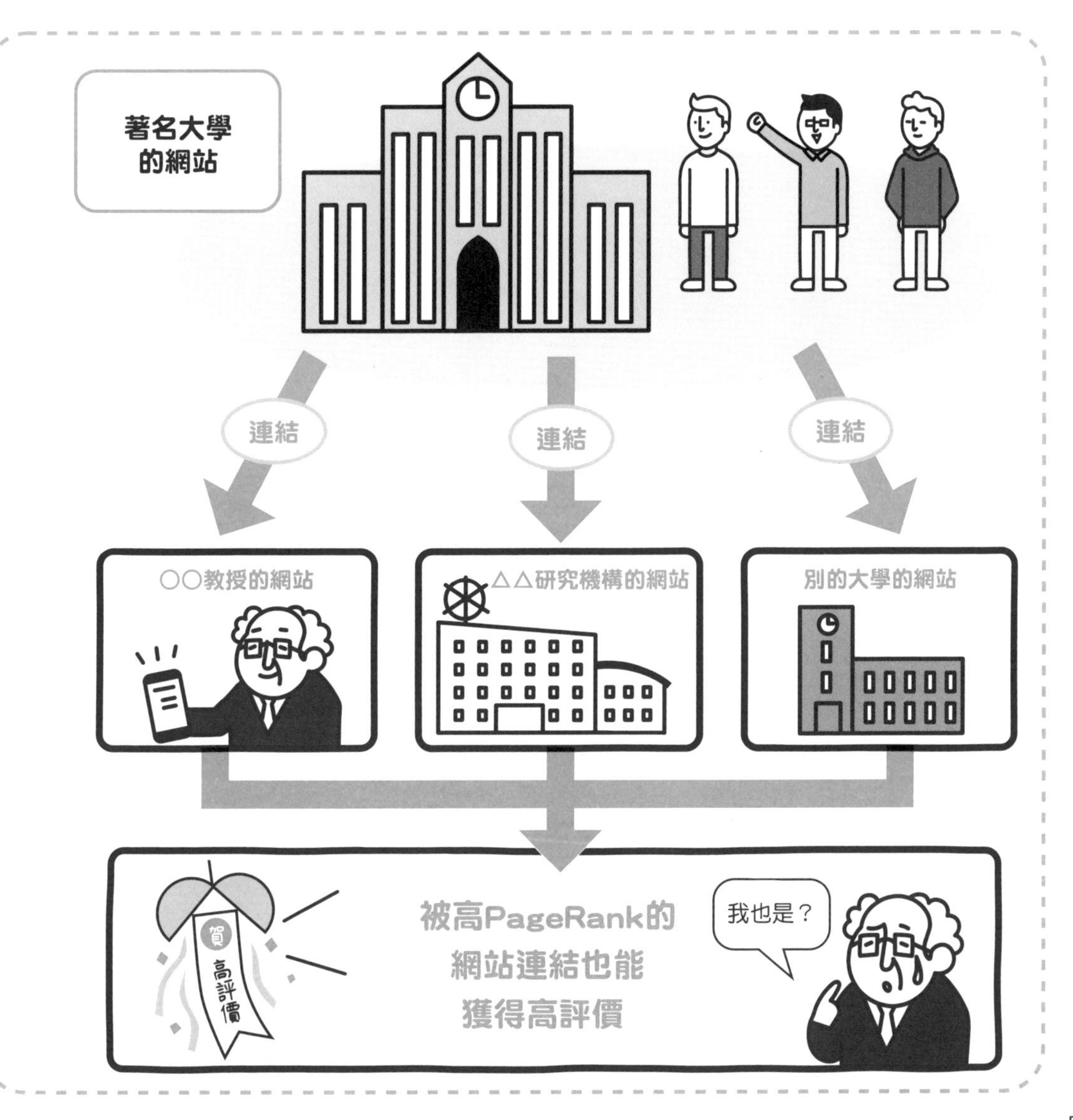

SEO的歷史③不當SEO（黑帽SEO）的出現與消滅措施

相對於正派的 SEO 服務商（白帽業者），也存在有以作弊方式提高被搜尋次數的惡質 SEO 服務商（黑帽業者）。而消弭黑帽才能讓 Google 搜尋引擎更為健全。

由於被連結數越多，網站的等級就會被評得越高，於是便出現了為增加連結數而不惜作弊的業者。相對於遵循 Google 的搜尋引擎最佳化入門指南來實行正當 SEO 的白帽 SEO，這些人是濫用 SEO 的相關知識與搜尋邏輯，實行不當 SEO 的所謂**黑帽 SEO**。甚至在部分過度執著於增加被連結數量的網站營運者中，還出現了一些無法滿足於只藉由互相連結來提升被搜尋次數的人。此外，也出現了拿被連結數（反向連結數）來賣錢的業者，不當的勾結關係於是產生。

惡質 SEO 服務商的實際情況及應對策略

黑帽 SEO 業者為了讓網站顯示在較前面，不僅建置了無數個被稱做衛星網站（Satellite Site）的網站群，同時還以電腦程式自動產生將這些網站整合在一起的連結農場（Link Farm）。這種做法曾一度騙過 Google，成功在搜尋結果中名列前茅，但現在這樣的不當連結已經很難奏效。在這方面，Google 有個有名的應對措施叫「企鵝更新」。亦即仔細審查外部連結，然後把購買了反向連結的業者的搜尋排名大幅降低。另外「熊貓更新」也是 Google 的強力措施之一。有一種叫「文字沙拉（Word Salad）」的手法，是將被頻繁搜尋的單字隨機排列在一起，並製作成大量網頁，而其目的就是要利用關鍵字搜尋功能來增加連結。熊貓更新便是消弭了包括這種文字沙拉在內的原創性低落的網站。

充實內容SEO，內容行銷也會順利有效

能持續提供高品質原創內容的網站，就會在搜尋結果中名列前茅。這便是所謂的內容 SEO。為了提升對商品及服務的理解而建構出的高品質網站內容，正是讓搜尋排名往前躍進的有效捷徑。

當黑帽 SEO 業者被淘汰後，持續上傳搜尋引擎使用者想要的優質資訊的**內容 SEO**，實際上就幾乎成了 SEO 的全部。藉由充實原創內容，網站被搜尋到的次數會增加，被訪問的次數也會提升。不過內容 SEO 必須累積優質的內容，並深入滲透使用者，所以需要很多時間。若是委託白帽 SEO 業者處理，往往要花不少錢，而且為了製作出符合預期的內容，還必須積極地提供相關資訊給業者才行。

維持優質內容很重要

內容 SEO 需要一步一腳印的踏實努力，可成為內容行銷的有效手段。而在內容 SEO 方面，製作原創內容的重點在於，必須巧妙地運用自家商品及服務之訴求與消費者需求相符的關鍵字。建立這樣的「優質原創內容」，就是一種內容行銷，結果也自然產生了「SEO 效果」。就 SEO 而言，Google 的搜尋引擎的使命，是將符合消費者所搜尋之關鍵字（搜尋需求）的優質內容顯示為搜尋結果，因此理解這樣的本質，並持續製作符合消費者需求的原創內容真的非常重要。

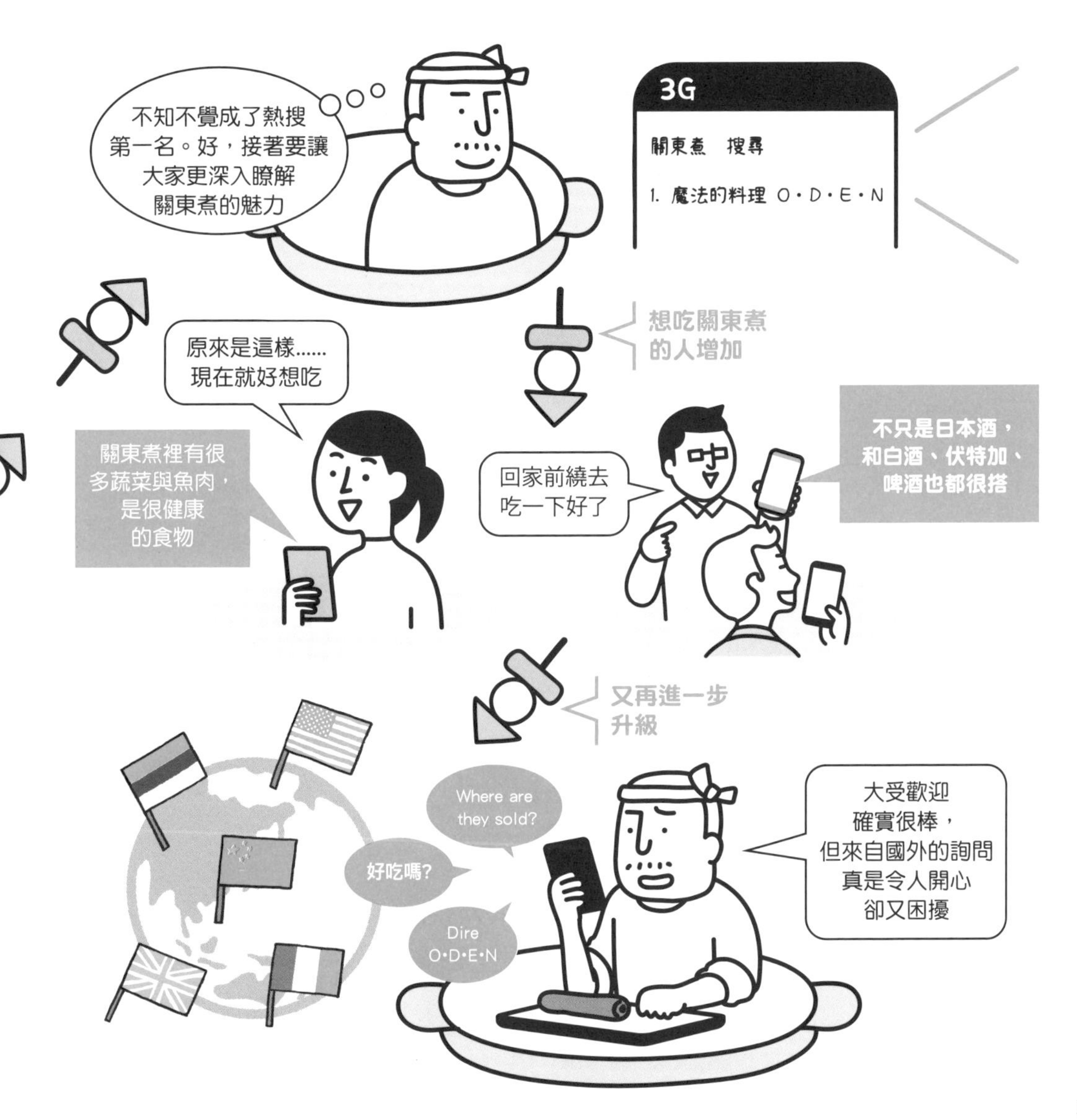

對企業及顧客都具高度便利性的「競價廣告（搜尋連動型廣告）」

與搜尋連動的競價廣告，能針對進行搜尋的使用者感興趣的主題來顯示，藉此於滿足需求的同時，不漏掉潛在顧客，是在提升企業收益上極為有效的一種廣告手法。

所謂的**競價廣告**，就是搜尋連動型廣告。這是會與使用者所搜尋的關鍵字連動，出現在搜尋結果中的一種付費廣告，通常顯示在比熱搜第一名網站更上端的位置，可望獲得高度效果為其一大特色。尤其是購物類廣告，使用者往往都會直接點按，故也有機會將顧客迅速導引至電子商務網站。對網站來說，比起花時間做內容 SEO 還必須評估有無效果，競價廣告不僅能直接透過搜尋行為縮小使用者範圍，然後以之

能夠符合使用者需求的最強廣告系統

為潛在顧客進行引導，而且只要一直支付廣告費，便可期待有一定的效果，實在是很有吸引力。

那麼，對刊載廣告的 Google 來說又是如何呢？由於此系統可依需要來設定點擊單價，故對 Google 而言也成了獲利率極高的廣告商品。其實在搜尋連動型廣告方面，Google 是後進者。只不過相對於先進者 Overture 公司所採用的最高價拍賣方式在關鍵字出價系統中存在歧義，Google 採用的次高價拍賣方式則具穩定性，不論對廣告主還是對 Google 來說都更有利，因此佔了現在美國競價廣告的 77%。事實上，Google 因為這個廣告系統，成功讓獲利從赤字大翻身，達到了年度獲利 285 億美元（2017 年）。

SEO與競價廣告的差異

競價廣告與 SEO 措施的差異何在？兩者的差異就在於能否**靈活**應變。在希望即時提高特定商品的搜尋度等時候，能夠有彈性地靈活應對正是競價廣告的優勢之一。

SEO 是建構優質內容好將顧客引導至自家公司網站的系統。因此必須持續致力於內容製作以及增加相互連結，而其很花時間與無法保證效果符合預期等性質，可說是最令人擔心的部分。以這部分來說，競價廣告則是能將成本效益明確視覺化。不僅能期待流量與廣告費成正比，就算沒收到預期效果也可迅速調整或停止廣告。當然，單位轉換成本和 ROI（投資報酬率）若是划算，也可選擇再擴大支出以增加顧客。

內容是可以在短時間內調控的嗎？

就針對具需求的關鍵字來傳播資訊這個層面而言，SEO 和競價廣告是一樣的，但兩者最大的差異在於網站的彈性應對能力。SEO 在將潛在顧客引導至網站方面極為優秀，但並不擅長將之精準地導引至網站內的特定頁面。即使是希望大家來購買季節限定特設網站上的商品，而且在搜尋結果中首頁的排名也成功上升了，但仍有可能無法獲得預期的效果。畢竟不可能控制搜尋引擎，故這也可說是 SEO 的限制。在這方面，競價廣告由於能夠從廣告直接將潛在顧客引導至該特定頁面，因此不會有問題。亦即可自由地輕鬆指定要引導至哪個頁面，就是競價廣告最大的優勢。

讓顧客從入口網站流入自家公司網站

若是打算從大型入口網站將流量引進至自家公司網站，或許可期待獲得很大效果，但有一些要點必須注意。因為必須針對競爭對手和使用者需求，思考 USP 才行。

入口網站是連接網路時做為入口的一種網站。其中較有名的都提供搜尋引擎服務，像是 Google、Yahoo!、MSN、NAVER 等，還有由網路服務供應商所營運的 AOL、OCN、BIGLOBE、@nifty、HiNet 中華電信等。這些入口網站分別提供多種不同的服務，對一般使用者而言相當便利。因此，要將潛在顧客引導至自家公司網站時，若是利用入口網站，即使需要付費，仍可期待有很好的效果。此外這對搜尋流量及口碑等資訊的收集也會有幫助。

須意識到競爭對手與使用者需求

但有很多競爭對手也都會考慮利用入口網站來吸引顧客。所以吸引顧客的重點就在於，如何讓使用者的視線停留在自家公司的商品及服務上。創造自家公司的獨特優勢，以期與其他公司有所區隔的銷售策略叫 USP（Unique Selling Proposition，獨特銷售主張）。USP 是在分析並思考「競爭對手（Competitor）」、「市場及顧客（Customer）」、「自家公司（Company）」這 3 個 C 的平衡。對於顧客，要以使用者需求的觀點來看待。就算成功與其他公司做出區隔，若是不存在需求就毫無意義，因此對於自家公司的優勢，活用口碑推薦及問卷調查、訪談等來自使用者的原始資訊往往也相當有效。

可有效針對目標族群訴求商品魅力的「展示型廣告」

與內容連動的展示型廣告，是一種十分優秀的系統，它可依據使用者的搜尋資料，適切地分別顯示符合其需求的商品及服務廣告。而可運用圖片和影片亦是其一大特點。

展示型廣告由於以橫幅形式顯示，故也稱做橫幅廣告，或稱為連動型廣告。其依據使用者的搜尋關鍵字來縮小投放對象的部分，與競價廣告也十分類似。這種廣告的主要投放處包括 Google（GDN）和 Yahoo!（YDN）等。雖然 GDN 和 YDN 在可投放的橫幅尺寸及廣告格式、目標市場，還有投放位置上存在差異，不過同樣都可以選擇要以「人」還是以「網站」為對象。

鎖定購買意識較高的使用者

HANA小姐的午餐部落格

〇月×日

今天吃了拉麵喲！

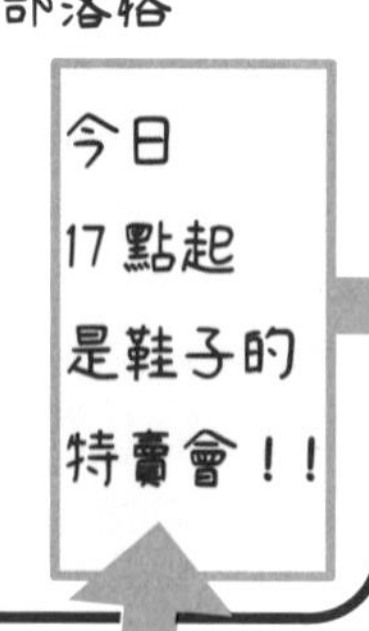

以受眾鎖定※1或內容鎖定※2的方式，對搜尋引擎使用者投放廣告

以興趣比對※3的方式投放廣告

- **共鳴度類別**（Affinity Categories，利用使用者的興趣嗜好、生活型態等資料）
- **自訂興趣相似的類別**（Custom Affinity Category，利用更詳細的使用者資料）
- **購買意願強的使用者族群**（正考慮要購買的搜尋引擎使用者）

再行銷清單
（投放給再度來訪網站的使用者）
發送至顧客電子郵件清單

展示型廣告的優點在於可接觸潛在使用者，以擴大商品與服務的知名度。和競價廣告不同，由於能運用圖片及影片，故可從視覺的層面來宣傳商品。此外可透過所謂的再行銷功能，再次投放廣告給曾經來訪過網站的使用者也是其特色之一。還有，點擊單價比競價廣告便宜這點也很有吸引力。至於缺點，主要是轉換率和立即有效性較低，以及很難分析及測量知名度等效果，不過現在隨著訪客率測量功能的普及，這些都已有相當大的改善。除此之外也還有其他問題，像是雖可進行大範圍的網站引導，但不同於潛在顧客的使用者點擊數增加，往往會加快廣告費的支出速度。

※1 Audience Targeting，依據網站訪問紀錄及商品購買紀錄等使用者資料，是一種針對「人」的廣告投放方式
※2 Content Targeting，登錄關鍵字，以便將廣告投放至內容與該關鍵字相關聯之網站的廣告投放方式
※3 Interest Match，當所登錄的廣告和使用者的興趣相關聯時便顯示廣告的廣告投放方式

14 成交率非常高的再行銷

再行銷能夠依據網站的搜尋紀錄及訪問紀錄，對使用者發送同類別的廣告，由於已對使用者的興趣與主題做了篩選，故在促進再次購買及購入新商品方面，可期待獲得很好的效果。

所謂的**再行銷**（Remarketing、Retargeting），就是一種再度接觸曾使用過廣告主網站之使用者的功能。亦即依據曾存取過廣告主所有之網站、App、影音網站等行為紀錄，建立出使用者清單，然後以這些使用者為目標對象來投放廣告。其優點包括，可對未購入商品即脫離網站的使用者進行其他不同的推銷、可接觸到還在研究比較各家商品的潛在顧客、可傳送新商品介紹或促銷等活動資訊給既有的老用戶。

曾經有興趣的使用者購買的可能性很高

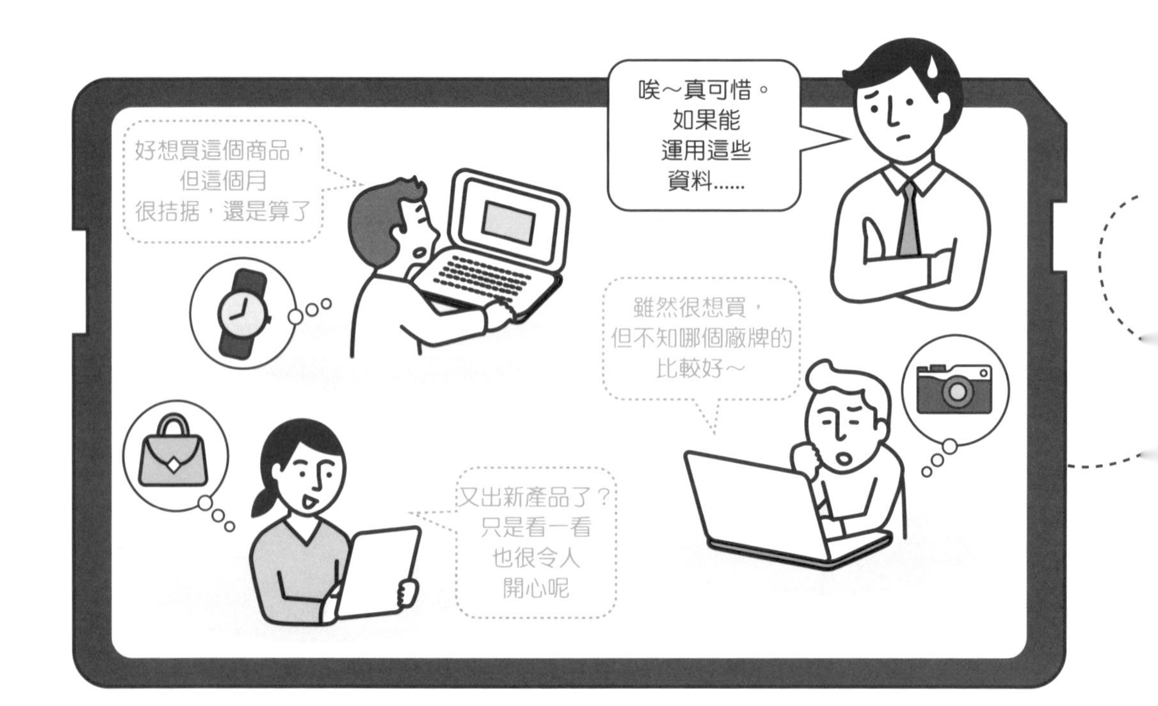

而再行銷也分成幾種類型。標準的再行銷除了對網站瀏覽者再次投放廣告外，也會在網站上設置再行銷用的標籤，以便將讀取了網頁的使用者列入清單。此外還能針對曾將商品放入購物車但卻沒買的使用者，也就是針對購買意識較強烈的使用者投放廣告。App 的再行銷不僅能喚醒沉睡的使用者，藉由安裝專用軟體的方式，行為紀錄及效果測量都變得清楚明白，也有助於更精準適切的廣告投放。影片的再行銷，則是指依據 YouTube 等影音網站的歷史紀錄來顯示廣告的功能。而 Google Analytics 的再行銷，還能透過 Google Ads 與 Google Analytics 的整合，依據使用者的停留時間和訪問次數等區隔，來建立使用者清單。

※用於鎖定目標對象的資料（搜尋及行為紀錄等）都是經匿名化的統計資料。

網頁瀏覽量與工作階段數、使用者數的差異

「網頁瀏覽量」是指網頁的瀏覽次數，可透過 Google Analytics 來量測。此外還有「工作階段數」和「使用者數」。這些都是分析網站訪問數時的重要指標，所以一定要正確記住各指標的性質才行。

「**網頁瀏覽（Page View）量**＝載入網頁以瀏覽的次數」，是利用嵌入於網站頁面中的 Google Analytics 量測用（追蹤）代碼，透過在頁面載入（顯示）時將資料傳送至 Google Analytics 的方式來測得。藉由此數值，我們便能掌握訪問各個網頁的使用者人數。只要登入 Google Analytics，隨時都能查看網頁瀏覽量。而由於也能清楚看到是哪個頁面、有多少人訪問過，故這對網站的管理、營運及改善來說，是必不可少的重要數值。

讓我們正確理解網頁瀏覽量的意義

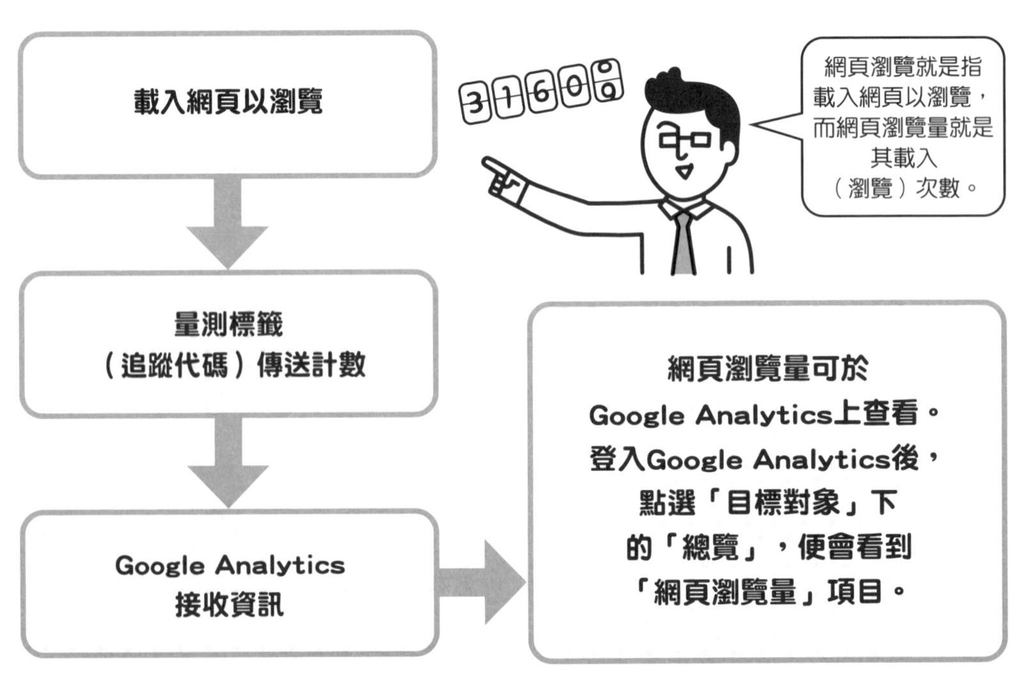

那麼，網頁瀏覽量和同樣也有顯示在 Google Analytics 中的「**工作階段數**」及「**使用者數**」有何不同？工作階段數是指，使用者從來訪網站起到離開為止（算一次）的次數。不過在量測工作階段數時，若使用者於網站內長達 30 分鐘毫無動靜的話，就會被視為已離站，因此當使用者放著網站不管 30 分鐘後才又在站內開始動作，此數值就會再加一。此外，同一次的訪問如果跨到隔天，也會加一。而即使已離站，若是在 30 分鐘內又回到網站內，仍會被視為同一次的訪問，但若是經由別的網站再連回來，則算是一次新的拜訪。至於使用者數，是指在一定期間內來訪網站的不重複使用者（Unique User）的數量。也就是說，同一個使用者即使在一天內重複來訪網站多次，這個數值依舊是「1」。不過同一個使用者若是以不同的裝置連上網站的話，情況就不一樣了。例如先使用電腦連上網站後，再改用手機連上同一個網站，那麼這時的使用者數是「2」。

與工作階段數、使用者數的差異何在？

16 跳出率變高的原因與改善方法

一連上網站就立刻離站的使用者比例，稱為「跳出率」。由於提升代表使用者之站內瀏覽量的「每次造訪的平均頁面檢視數」，並降低跳出率，就能獲得高度成果，因此讓我們針對這兩個數值來思考相關對策。

跳出率可用「跳出的工作階段數 ÷ 所有工作階段數」算出。當來訪網站時只瀏覽了一頁就離開的使用者很多時，跳出率便會上升。而當來訪網站時瀏覽很多站內頁面的訪客增加時，跳出率就會下降。代表在站內之瀏覽量、瀏覽程度的數值叫「**每次造訪的平均頁面檢視數**」，這是與跳出率相反的指標。換言之，如果跳出率低，每次造訪的平均頁面檢視數高的話，就可說是使用者評價高的網站。

瞭解跳出率與每次造訪的平均頁面檢視數

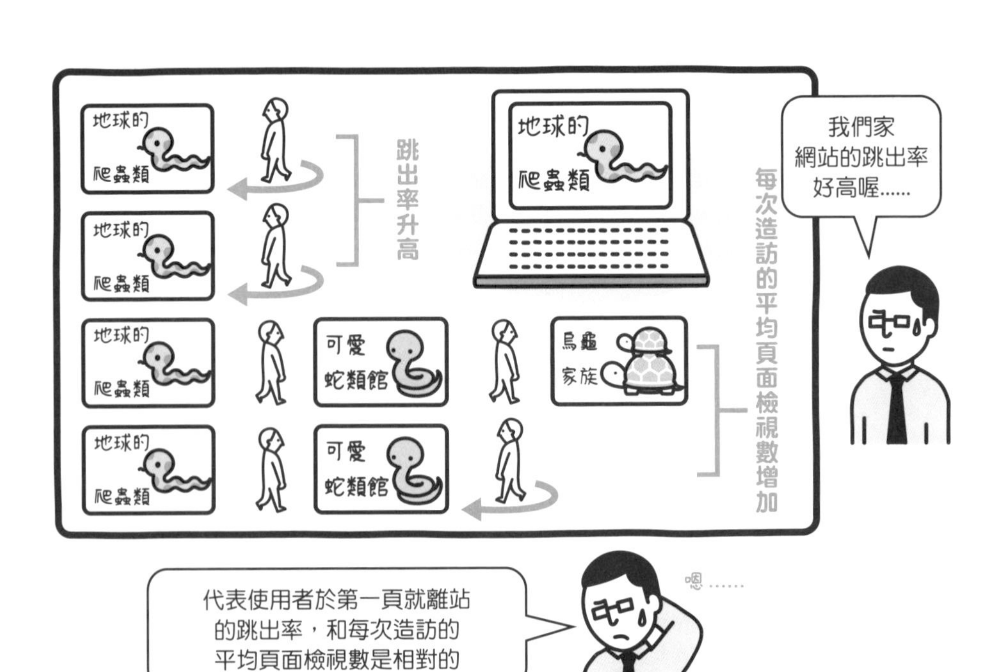

那麼，怎樣才能降低跳出率，並增加每次造訪的平均頁面檢視數呢？簡言之，就是要提升訪問過程中的網頁瀏覽量。只要網頁的瀏覽數增加，所有問題便都迎刃而解。其具體做法之一，就是檢查網站結構。首先，從使用者的角度出發，考量第一個頁面的內容是否符合其目的。這可說是與跳出率最密切相關的一大要點。此外網站設計也很重要。找不到想看的內容、到不了想去的頁面、無法回到前一頁等易用性方面的缺陷，都會導致使用者加速離站。還有，別忘了使用者不一定都是用電腦瀏覽網站，現在用手機瀏覽網站的使用者可能反而還比較多。故請務必妥善設計網站，要讓使用者不論以什麼裝置瀏覽，都能獲得完整支援。

如何改善跳出率？

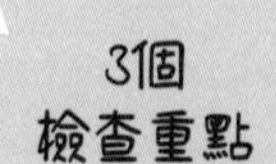

原來如此，
我怎麼沒想到

瀏覽者一開始看到的部分
是否與訴求相符？

瀏覽者能否立刻看出哪個頁面
有自己想要的東西？

是否也顧及了以其他裝置（除電
腦外）瀏覽的使用者的需求？

每位使用者
工作階段數 …………………… 1.10

網頁瀏覽量 …………………… 1.021

平均工作階段時間長度……00:00:30

跳出率 …………………… 90.5%

登入Google Analytics後，點選
「目標對象」→「總覽」→「跳出率」
就可看到

經常查看
跳出率
是很重要的

17 確實有效的網頁設計要點

網站設計的最關鍵重點就在於，是否有以清楚易懂的形式傳達使用者想要的資訊及內容。與其講究外觀上的精美設計，對於易用性、易理解性的追求更是重要。

網站製作的最終目的是轉換（成交）。亦即設計網站並填入內容是一種手段，為的是要在網路上展開行銷、吸引顧客，進而提升收益。必須注意的是，千萬不能過度重視外觀**設計**，以致於做出讓使用者難以使用的網站。即使基於網站等於公司門面的想法而追求高度的設計性，如果使用者不用，就毫無意義。製作時謹記「使用者的需求就存在於網站的資訊中」這點，可說是發展數位內容的第一步。

重視內容甚於外觀設計

網站的製作以內容優先為原則。如何將所需內容傳達給使用者，是設計與系統建構的起點，也是課題。這時應重視的包括易用性、易辨識性、可讀性、可視性等要素，而製作時必須一邊考量與所提供內容間的平衡，一邊逐一達成才行。此外也別忘了內容的豐富性。發佈部落格文章等很有幫助，而照片和影片等視覺層面的展現也是重要元素。若能夠添加興奮期待感之類的輔助要素，網站的原創性便會提升。還有，現在除了電腦外，用平板電腦或手機瀏覽網站的人也越來越多。甚至以手機優先的原則來設計網站，反而更有可能獲得極大成效。尤其在手機上，網頁的顯示速度非常重要。對手機環境來說，要等很久才顯示出來的網頁往往會讓使用者立刻離站。

確實有效的網頁寫作要點

網頁寫作的目的，是要寫出對 SEO 有效果的文章。對於關鍵字要放在哪裡、標題及文章結構、字數等，都要以人類和機器人為對象精心編排，以提升搜尋排名，同時也提高網站的實用性。

一般認為，**網頁寫作**是 SEO 最重要的一個元素。而原因就在於，搜尋引擎是依據網站中「網頁所刊載的文章、內容」，來判斷其對搜尋網頁的人來說是否有用，進而決定其網頁排名位置。第一個必要考量是，必須寫出對人類和機器人（= Web Crawler，網路爬蟲）來說都清楚易讀的文章。對於人類，內容要簡明易懂、標題要能引起興趣、文風要讓人百讀不膩。而機器人則在意文章編排是否井然有序、條理分明等，必須以易於分析的結構建立。

提升搜尋排名的必殺技

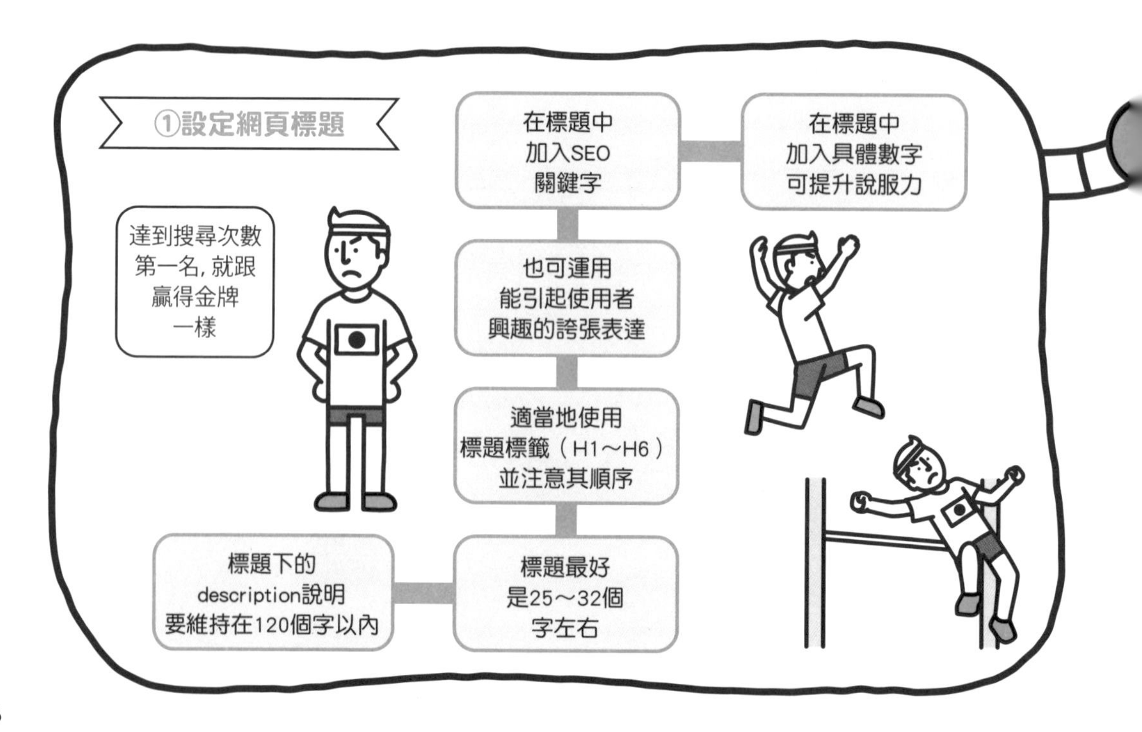

這是一種實際的寫作技巧。首先，決定網頁標題。其中一定要包含 SEO 的關鍵字，因為關鍵字是與搜尋直接相關的元素。此外在標題中放入具體數字也會很有說服力。而為了製造衝擊，多少也必須加進一些具煽動性的詞句。請記得將標題維持在 32 個字元以內，因為搜尋結果所顯示的字數，包括全形字與半形字在內，總共是 32 個字元。接著建立內文。要適當地配置標題標籤（HTML 的 H1 ～ H6）。藉由正確地依序使用這些標籤，網站結構就會變得層次分明而清楚易懂。撰寫時記得一頁只寫一個主題，並且一開始就寫出結論。這是在網路上讓人願意閱讀的一個重要關鍵。SEO 關鍵字要寫在內文的開頭處。還有，為了避免被誤認成隱藏連結，清楚標明連結的目的地也很重要。

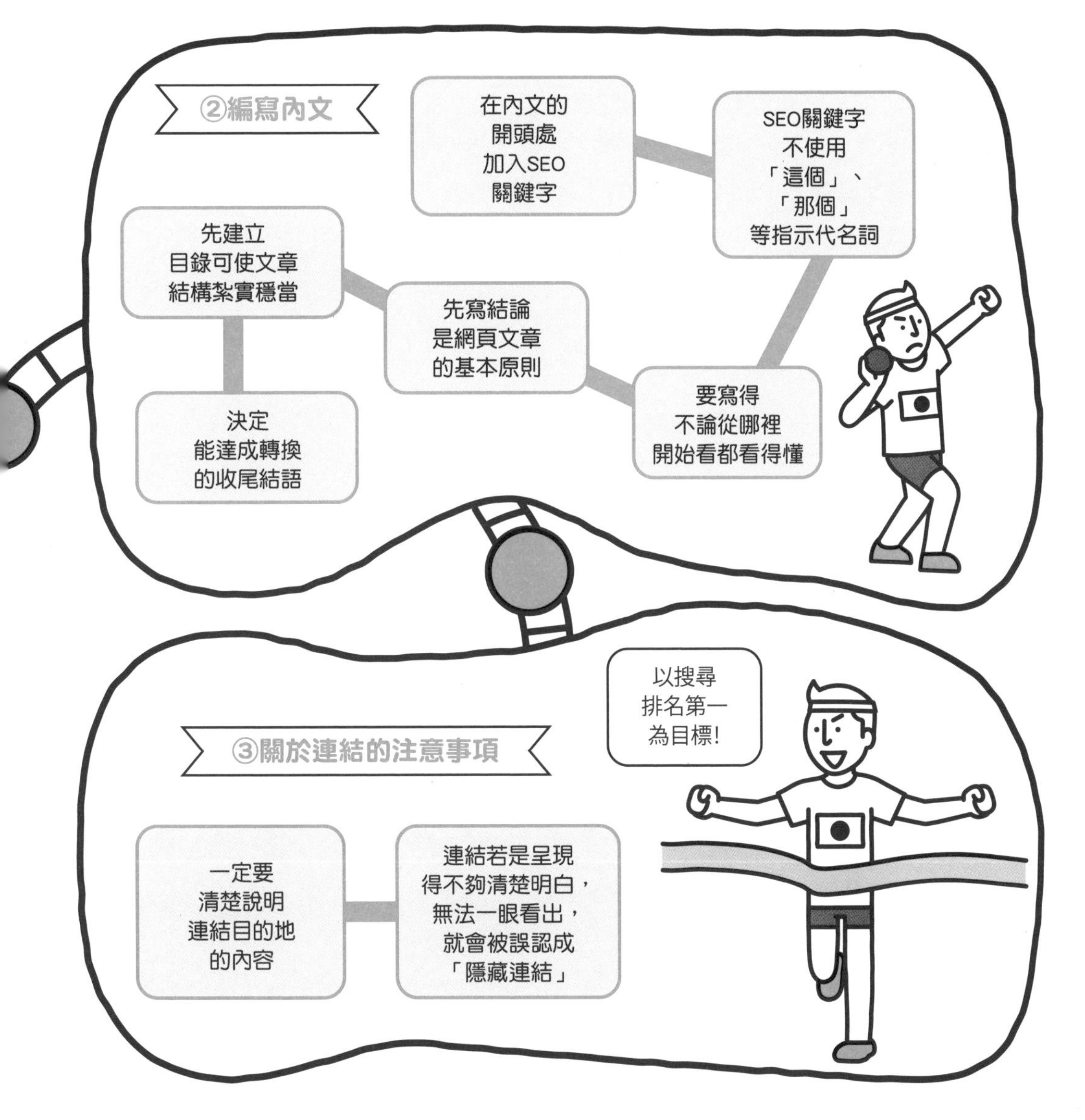

在Google地圖上刊登商家資訊來吸引顧客

在 Google 地圖上打廣告，不只是單純提供網頁內容而已，還能在引導手機使用者至實體店面時發揮很大的成效。在這方面，滿足了顧客便利性需求的「Google 地區搜尋廣告」的效果格外引人注意。

以智慧型手機上網的人數，在 2017 年超越了用電腦上網的人數。用手機上網變得理所當然，而其最主要的用法之一，就是使用 **Google 地圖**。雖然也有很多其他的地圖網站存在，但 Google 地圖的連結利用了 Google 的搜尋引擎，連動性與便利性極高，導引至目的地的功能也十分完備。而在引導 Google 地圖使用者至實體店面方面發揮了極大效果的，是 Google 的地區搜尋廣告，比起傳統的 Google Ads，具有許多更強大的功能。

廣告刊登與地圖的用法

用 Google 地圖搜尋商家等地點時，有一些商家是顯示為紅色方塊，而非一般上圓下尖的圖釘狀。這些是有投放地區搜尋廣告的商家。比起一般的搜尋廣告，這種廣告有很明顯的特徵。首先是有提供使用者評分。而以手機瀏覽時，其電話按鈕會顯示得很大，以方便使用者聯繫。此外也會顯示營業時間、目前仍營業中或是已打烊等資訊。還會顯示與商家的距離，並與 Google 地圖連動以提供路線導航。投放地區搜尋廣告需要有 Google 商家檔案和 Google Ads 帳戶。藉由以 Google Ads 投放競價廣告的方式，便可連帶利用地區搜尋廣告。而費用會在使用者點選以取得地點詳細資料、取得路線、在行動裝置上點選致電以撥打電話給商家，以及連至官網時產生。

運用了擴增實境(AR)的IKEA的策略

家具製造商IKEA，藉由充分發揮智慧型手機功能的所謂AR（擴增實境）技術，成功以虛擬手法提供了新時代的商品型錄。而IKEA到底是如何地反覆摸索嘗試，才終於達成這獨一無二的數位服務呢？

專營家具製造與銷售的IKEA，運用**AR**技術，成功製作出了領先全球的嶄新商品型錄。利用IKEA的App「IKEA Place」，使用者就能將載入於智慧型手機之商品型錄中的家具影像，與手機鏡頭前的景觀，一起合成於螢幕上。而且還不只是把家具的影像疊在景觀上而已。3D化的家具能以98%的尺寸準確率呈現於景觀中，甚至連質地與紋路、陰影等都忠實重現。

顛覆了家具銷售常識的擴增實境世界

但其實這個 AR 商品型錄在成功之前，經歷了很大的波折。當初原本是選擇搭配紙本型錄來運作，將家具放置在螢幕上的景觀中，但由於尺寸及位置、角度等的調整與控制很困難，故有時家具會呈現浮在空中的狀態。尤其在尺寸方面，必須由使用者自行調整，而且在厚厚一大本紙本型錄的眾多商品中，最多只有 100 個能被 3D 化。其轉機是，AR 開發工具「ARKit」的出現，以及 Apple 公司將名為 world tracking 的功能（可從手機的感測器收集空間資料，以便將家具正確配置於房間內）配備於 iPhone 手機上。如此一來，家具就能自動以適當的尺寸配置，使用者便能在房間內直接確認所想要之家具的設計及尺寸是否合適。

虛擬實境(VR)在行銷上的優勢

運用 VR 技術可發展出各式各樣的業務。例如在產品完成前預先進行宣傳、實地考察距離較遠的房地產及觀光地、查看施工中的建築物、提供大型的虛擬展示廳等,其運用方法可說是無窮無盡。

VR(虛擬實境)在 1990 年代主要普及於遊戲業界。當時的 VR 由於電腦規格較差、影像的品質不夠好、自由度也不高,所以並未引起廣泛的討論。但現在隨著技術的進步,VR 所能呈現的世界不論在質上還是在量上,都大幅擴展,於是又再度引起關注。而基於 VR 算是影像製作技術的一種延伸,並不那麼困難,以及比起傳統影像能讓使用者產生更深刻印象這兩個理由,令許多不同業界都在考慮引進這一技術。尤其是在房地產與觀光旅遊業,格外受到矚目。

VR 的 3 種運用模式

VR 具有 3 大優勢。首先是可自由擴展空間。藉由改變深度及高度等空間認知，即使實際上處於狹窄的空間裡，也能看起來像是身處廣大平原或雲端上的城堡。利用這樣的功能，便能在自己的房間裡環視廣大的展示廳。此外也能讓遙遠的地方變得像是近在咫尺。亦即可自由參觀超越距離與現實的場所，能充分體驗那樣的真實感。只要利用此功能，就可以環顧檢視距離較遠的房地產及觀光地。也就是可方便地利用立體影像來事先查看，其效果可謂極佳。而能接觸未來亦是其魅力所在。由於能超越時間查看尚未完成的建築物及商品等，因此 VR 可稱得上是商機無限的一種絕佳工具。

怎樣才是有效的 VR 宣傳法？

※頭戴式顯示器

可及時發佈資訊並削減印刷成本的數位電子看板

只要一個看板就能顯示多種廣告是「數位電子看板」的優勢。不僅有各式各樣的尺寸可選，而且圖像資料不論在暗處還是亮處都能清楚顯示，對提升廣告效果有很大貢獻。

數位電子看板（Digital Signage），也叫電子看板或電子廣告看板。做為一種取代紙張的電子傳播媒體，數位電子看板的市佔率持續穩定提升，在包括公共機構的各種場所都能見到其身影。數位電子看板擁有紙張媒體所沒有的極大優勢。那就是，相對於一張紙製的海報或看板只能呈現一種訊息，數位電子看板則是能以單一顯示器顯示多個頁面。不僅資訊的傳播量大幅增加，用途也更為廣泛。

滲透於日常生活中的數位電子看板

室內室外都可設置，顯示尺寸也沒有限制。由於不像紙張需要擔心風吹雨打，或是在光線昏暗處會有看不清楚的問題，數位電子看板除了通用性極高外，可削減印刷等成本亦是其一大魅力。尤其在車站及機場等公共交通機關經常有機會看到，而且還不只是顯示時刻表和到站通知，近來也越來越常看到設置在柱子等處的商品廣告宣傳。醫院與政府機關、金融機構等的等候處也往往都能見到。金融機構多半都用來顯示自家公司的商品廣告。從施工現場的施工進度看板，到商店的新商品上架訊息等，可用於各式各樣的目的。有些機種甚至支援以行動裝置操控，迅速及時的資訊發佈也可說是其一大優勢。

有效發掘潛在顧客的最新手法—白皮書

有效呈現自家公司的白皮書（企業資料）以供閱讀，便能與目標使用者進行良好的行銷溝通。所以，首先就要來製作具吸引力的白皮書。

白皮書是企業之間往來交流時會用到的一種行銷工具。而其製作，是從釐清目標對象開始。接著探索目標對象的需求，並思考該如何應對挑戰。然後決定標題。這就相當於廣告的標題文案。把閱讀這些資料所能獲得的好處及明確的數據等都納入，發揮巧思來讓對方想要閱讀。接下來便進入寫作階段。將具體的案例資料與調查報告、業界的報告，還有業界所關注的趨勢與最新服務等，依據五段式寫作法來編寫、結構。

網羅所有具吸引力的製作方法及運用時機

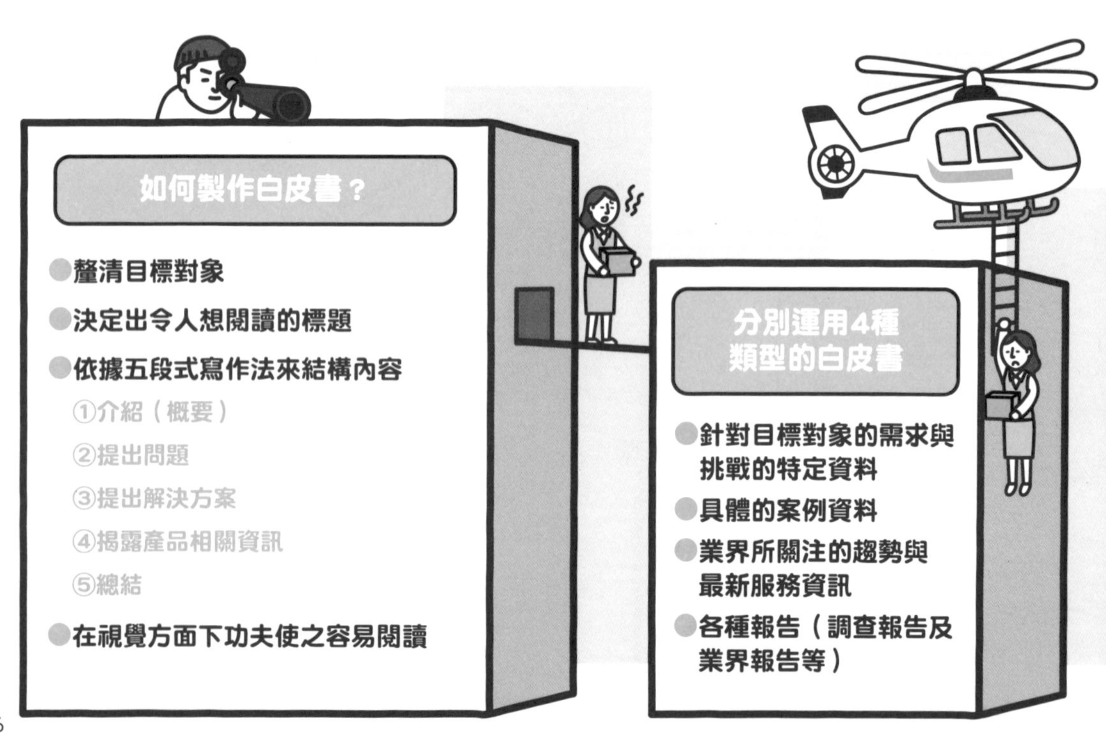

白皮書完成後，就要讓對自家公司產品有興趣的企業閱讀。在對方已理解產品和服務內容的狀態下展開洽談，不僅成交率較高，也可節省時間。而透過於下載白皮書時要求登錄電子郵件地址等顧客資訊，便能取得潛在顧客清單。此外也可依據所下載之資訊來預測潛在需求。例如下載白皮書前半部的「如何開始」等資訊的應該是新手，而下載後半部「擴大的方法與手法」等資訊的話，便可推斷應為經營者。取得顧客資訊後，就要制定銷售策略與後續聯繫策略，甚至將獲得客戶之後的策略都先制定好亦不失為上策。

提供白皮書的時機與技巧

- 盡量尋找能獲得較多潛在顧客的地方
- 利用針對特定業界的下載服務（需登錄個人資訊）
- 獲得顧客資訊後便可採取後續行動

讓所獲得的潛在顧客能夠帶來成果

- 制定獲得潛在顧客後的銷售策略與後續聯繫策略
- 以潛在需求和潛在顧客很多為前提，適當的做法必不可少

值得記住的數位行銷用語集②

1. 電子商務網站（P43）

電子商務即 Electronic Commerce，縮寫為 EC，簡稱「電商」，是指透過網路等電子通路進行的商業交易。因此電子商務網站就是指由企業等所建立的、用於進行電子商業交易的網站。而在電子商務網站的數位行銷方面，並不是把商品介紹上傳到網站上就沒事了。從刊登網路廣告好讓人們知道電子商務網站的存在，到搜尋功能最佳化、完備的站內搜尋功能、充分掌握使用者的行為紀錄、豐富的評論內容、購買表單的最佳化、購買結果的分析、促進回訪等，需要考量的事項相當多。

2. 自有媒體（Owned Media）（P44）

企業所擁有的媒體的總稱。過去，自有媒體是以產品型錄或宣傳手冊、企業刊物等紙張媒體為中心，近年則擴大範圍至網站（公司官網），以及企業自行企劃並營運的部落格等。此外其結合付費媒體（傳統的廣告媒體）與贏來的媒體（社群網路等社群媒體）所構成的行銷（三重媒體）之意義，正受到廣泛討論。

3. 流量（P48）

英文為 Traffic，原意是「交通」。在數位行銷方面，是指在網路上來回傳輸的資訊量與通訊量。但實際上一般多半用來指稱拜訪網站的使用者數量。而透過解析流量，便能瞭解像是在哪個時間帶，網站的哪些部分有較多人瀏覽等資訊，以做為網站營運的標準。此外，在測量網路廣告的效果時，是以除了這個流量外，再加上曝光次數（Impression）和點擊數這 3 者為中心來評估。

4. 參照連結網址（P48）

即使用者在到達企業等的網頁之前，所瀏覽的連結來源頁面，英文為 Referrer。在今日的數位行銷世界中，並非所有人都是在 Google 之類的網站輸入搜尋字串後，就直接連到了目的地網頁。由於行銷措施肯定在很多不同的頁面都張貼了連結，因此瞭解使用者是從哪裡連過來這件事對行銷來說十分重要。而且不僅限於從外部網站連過來的，從同一網站內其他頁面連過來的，也會被記錄為參照連結網址。

5. 流量組合（P48）

英文為 Portfolio，有「文件夾」、「公事包」之意。若是用於財經領域，是指從現金到存款、股票、房地產等所有金融資產的清單，亦即所謂的「投資組合」。而在教育領域，是指個人的學習紀錄等個人資訊的集合。在藝術創作的世界裡，是指個人所自行創作出的作品集。在行銷的世界裡，則是做為「組合分析」來為客戶滿意度調查發聲。

6. Google Analytics（P48、69）

這是由 Google 所提供的網站訪問分析工具。基本上免費，可於報表頁面檢視系統針對訪問網站之使用者量測的行為資料。而所量測的資料種類繁多且詳細，包括點按了哪些連結、使用的裝置是電腦還是手機等。且除了廣告服務外，還能與多種業務服務連動。

7. 機器人式搜尋引擎（P53）

為網路上的資訊搜尋系統之一。會依據所輸入的文字，查詢存在於全球網路上所有的文件資料，進行全文檢索。Google 和日本的 goo 都屬於機器人式搜尋引擎。雖然透過全文檢索可找到較多網站，但也有人認為反而會因為數量過多導致無法精準地獲取資訊。其搜尋結果會根據拜訪次數及被連結數等條件被評級，並依演算法以遞減排序的方式列出。而除了這種機器人式搜尋引擎外，也有按領域分類的目錄索引式搜尋服務存在。

8. 被連結（反向連結）（P55）

站在網站本身的角度來看，設置於外部其他網站的連結。被連結很多的網站，通常就是具話題性或很熱門的網站。因此，就希望於搜尋引擎之搜尋結果中名列前茅的 SEO（搜尋引擎最佳化）而言，被連結非常重要。此外，增加被連結也具有能讓網站內容變得更清楚易懂的效果。

9. 內容 SEO（P58）

指在網路上，具優質內容者會因 SEO（搜尋引擎最佳化）而顯示在較前面。或是指為了顯示在較前面而持續提供此種優質內容的手法。使用 Google 等搜尋引擎進行搜尋時，以往能讓網站顯示於較前面的標準主要是被連結數等。但直至 2010 年代前半左右為止，這種標準持續遭到濫用，有所謂的「黑帽 SEO」存在，亦即為了提升搜尋排名，大量設置被連結，並建立刻意塞滿關鍵字的不自然文章等。而現在，內容 SEO 成為主流，通常都是優質網站才會被顯示在搜尋結果的較前面處。

10. 入口網站（P64）

英文為「Portal Site」，Portal 為「入口」之意，入口網站就是指一開始連上網路時所顯示的網站，而這個網站是通往各式各樣其他網站的入口。像 Google、日本的 goo、Yahoo! 等都屬於入口網站。對使用者來說方便好用的入口網站，不僅就個人而言可做為取得必要資訊時的良好指引，就企業方而言，也是吸引使用者來訪的理想接觸點。

11. USP（P65）

Unique Selling Proposition，獨特銷售主張。即發掘該商品具有的獨特優點，與其他公司做出區隔，以規劃出有效的銷售提案。

12. 五段式寫作法（P86）

依序以「介紹（概要）」、「提出問題」、「提出解決方案」、「揭露產品相關資訊」、「總結」這五個段落構成文章的寫作方式。

Chapter 3

塑造自家品牌，讓潛在顧客變粉絲

將潛在顧客

培養成自家公司的顧客

就叫做培養潛在顧客（Lead Nurturing）。

本章便要為各位介紹

運用社群網路等

來培養潛在顧客的一些要點。

數位行銷上的培養潛在顧客（Lead Nurturing）要點為何？

在 BtoB、BtoC 方面最大的挑戰，就是潛在顧客的獲取與培養。只要理解數位行銷的特性並加以靈活運用，培養潛在顧客的門檻便會大幅降低。而確實掌握目標對象所面臨的挑戰並據此提供內容，就是成功的關鍵。

不論是 **BtoB** 企業還是 BtoC 企業，如何獲取**潛在顧客（Lead）**並進而培養成真正的顧客，與業績成果有很大的關聯性。做為數位行銷的一環，通常會藉由直接寄送文宣品及刊登廣告等方式，讓具有一定需求的企業去瀏覽打廣告之企業的網站，並索取資料、註冊為會員，於是成為潛在顧客。但所獲得的潛在顧客，並不會無條件地決定使用特定商品或服務。想必絕大多數時候，這些企業都只會被當成與許多其他競爭對手企業比較用的材料而已。

揭露資訊以發掘潛在顧客需求

例如，BtoB 潛在顧客的典型需求通常有兩種。一種是在尋找是否有什麼技術，能讓目前使用的系統或工具運作得更有效率。假設是 Excel 的話，提供運用函數與巨集的活用術資訊等內容，便可擴大對自家公司產品的認識，達成培養潛在顧客的目的。而另一種需求，是感受到目前所用系統及工具本身的限制，想要尋找替代品。在這種情況下，若明白指出換用他牌產品可獲得什麼好處，往往就能拿到新訂單。也就是要因應不同的需求種類來維持接觸點，以培養潛在顧客、創造新的商業場景。

對 2 種類型潛在顧客的不同做法

什麼樣的品牌塑造能夠刺激購買？

若是設定了錯誤的顧客群，數位行銷就無法發揮效力。企業應藉由正確掌握自家產品定位，來實現為消費者所積極選擇的「**唯一**」而非「第一」的品牌塑造。

總之只要能被廣大的顧客群認識，就能在激烈的市佔率爭奪戰中甩開對手脫穎而出一這是所有行銷相關工作者，不論網路還是實體，都容易落入的錯誤認知之一。尤其越是能提供高層次 UX（使用者體驗）的商品或服務，就越是必須正確地發展行銷，並為自家公司進行**品牌塑造**。

例如，在自家公司網站上發放會入選米其林指南的那種高級餐廳的優惠卷，效果如何？在短時間內或許可望增加來客數，但這種客群是「想要享受便宜服務」的族群，一旦停止發放優惠券，回頭率肯定就會變得很低。

明確釐清要以什麼樣的消費者為對象

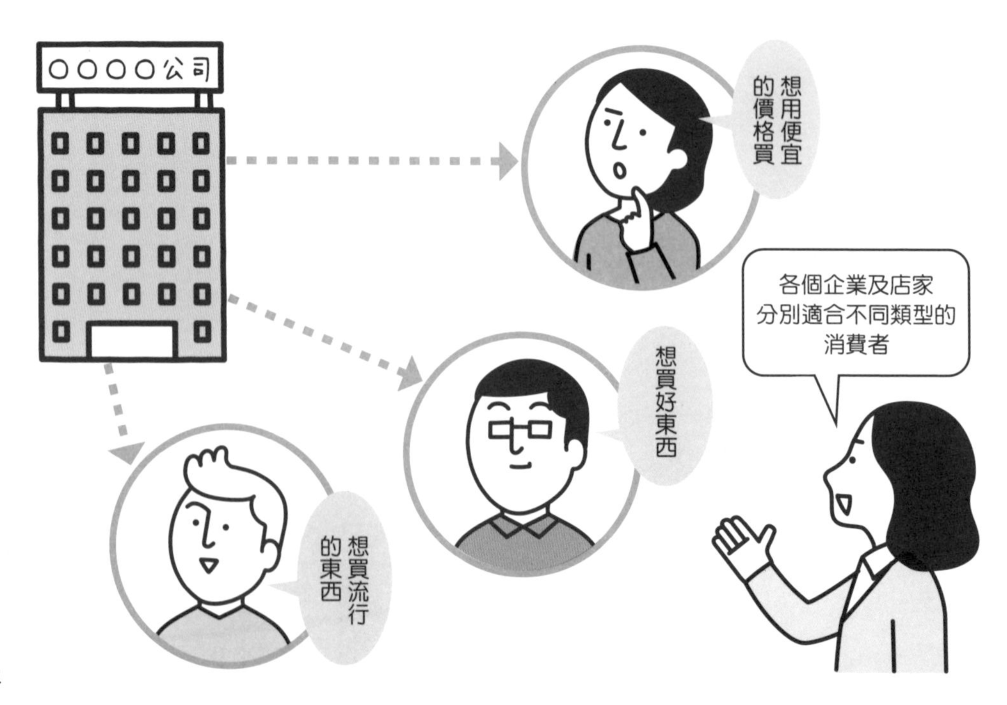

與其如此，還不如減少對新顧客提供服務，這樣對自家公司的品牌塑造會更有幫助。Apple 就是採取這種做法的一個典型例子。

Apple 所發行的 Macintosh，是延續至今的個人電腦的先驅，但其市佔率後來被配備了 Microsoft 所發行的 Windows 作業系統的各家廠牌個人電腦給奪走。然而藉由堅持自家獨特作業系統、不迎合主流的方式，向使用者提出「Apple 的電腦」和「Apple 以外的電腦」這兩種選擇，成功避免了被眾多類似商品埋沒之命運，獲得始終被視為第一選擇的定位。

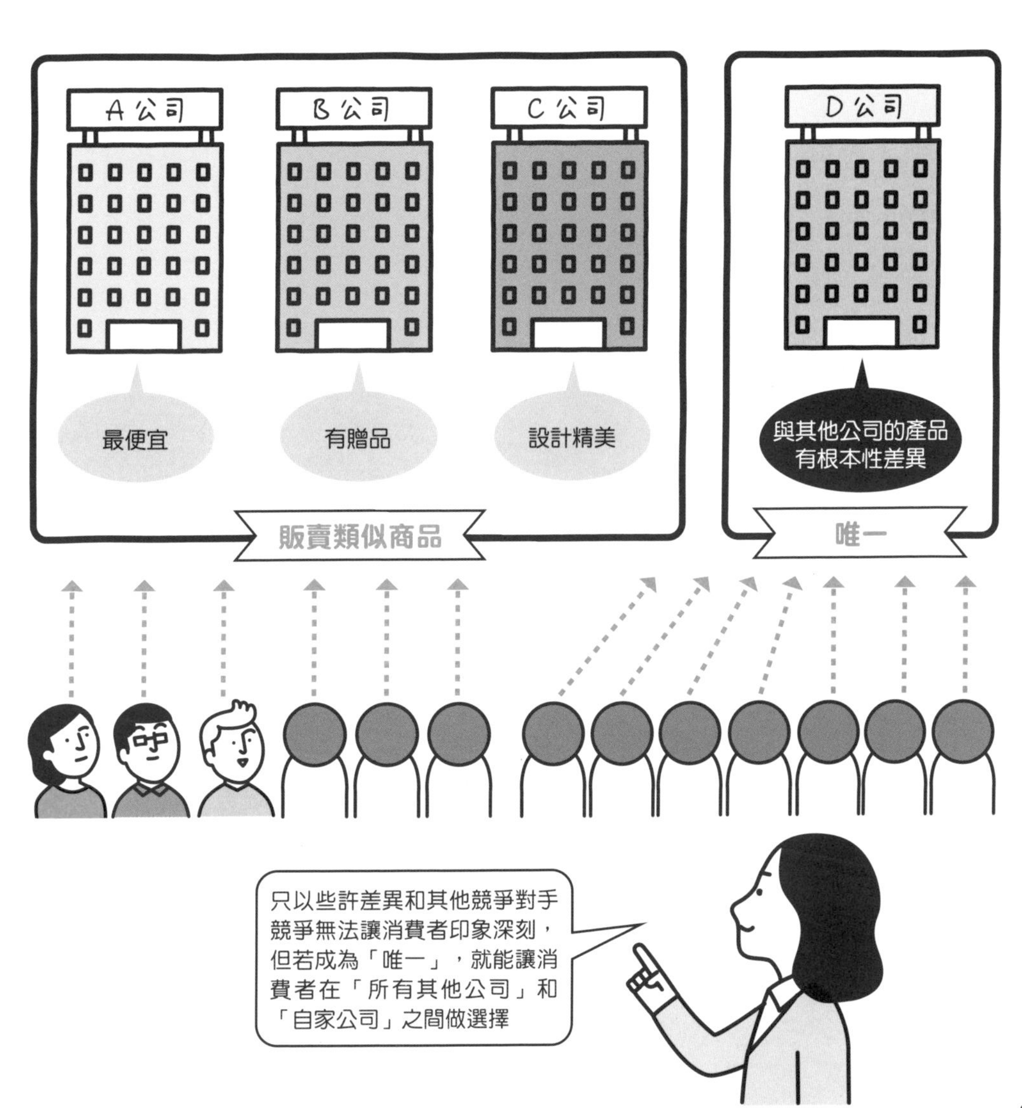

能以低成本實現品牌塑造的「社群網路」之力

品牌塑造是形象策略的一環。傳統的品牌塑造靠的是資本力，由大規模的廣告及行銷活動等來支援。但若是運用數位行銷，則有機會以低成本實現品牌塑造。

一直以來，被視為所謂「品牌」的企業，其業績之好就不用說了，都是投入了令競爭對手難以望其項背的大規模成本於行銷，透過打廣告和開記者會、在黃金地段開店等形式，來確立自家公司的品牌。這不僅是為了讓公司名稱觸及顧客，更是為了讓顧客對這樣的行銷本身感受到雄厚的資本實力，其中存在有大企業＝信賴感的品牌形成過程。然而數位行銷卻讓這樣的模式產生了根本性的大變化。運用社群網路的**病毒式行銷**，亦即所謂的口碑效應，成功實現了成本低但卻有效果的品牌塑造。

以擴散力為優勢的社群媒體行銷

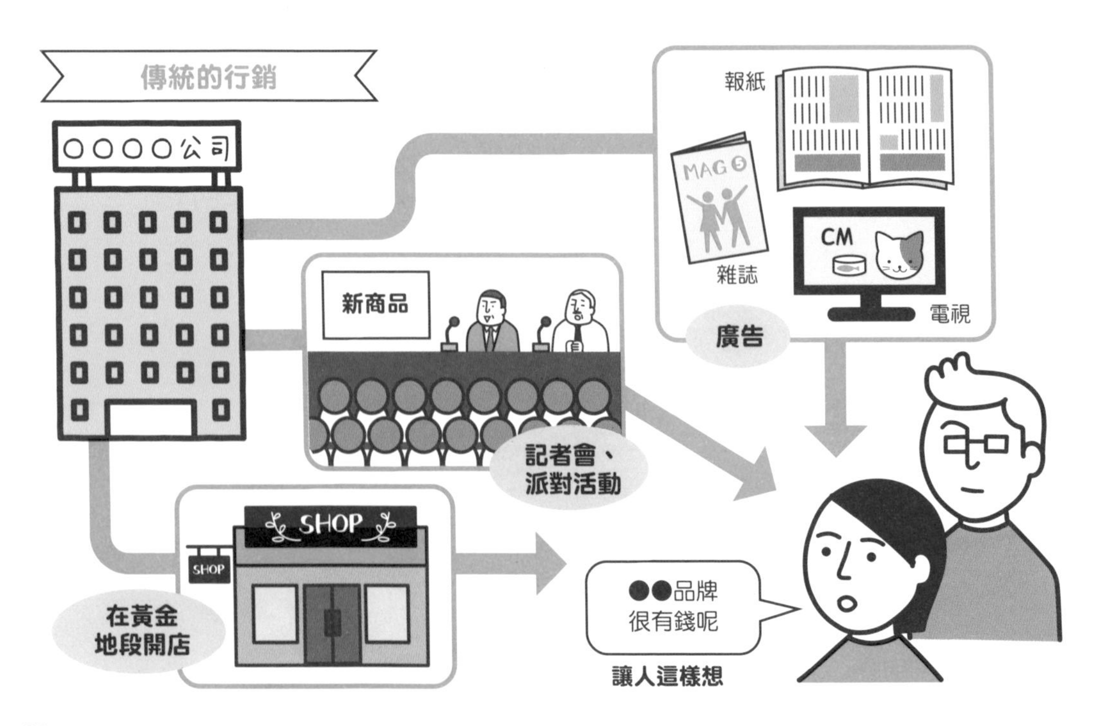

使用者的口碑效應一直以來都被認為是很有用的行銷手法，而社群網路的普及，使其比重變得更大。但並不是任何使用者都能發揮口碑效應。擁有許多跟隨者的所謂**網紅**（influencer、影響者）是關鍵所在。由他們來替自家公司傳達商品的魅力，會比由公司自行傳播訊息更令消費者感到親切，也更具說服力。因此比起傳統的行銷，這種方式能以近乎零成本的手法，達成品牌塑造的目的。透過這種方式，無法支出高額廣告費但一直持續生產優質產品的中小企業或新創公司，便也能夠進行廣泛的品牌塑造。只不過以社群網路為媒介的傳播，其負面訊息的擴散也同樣非常迅速，必須特別小心才行。

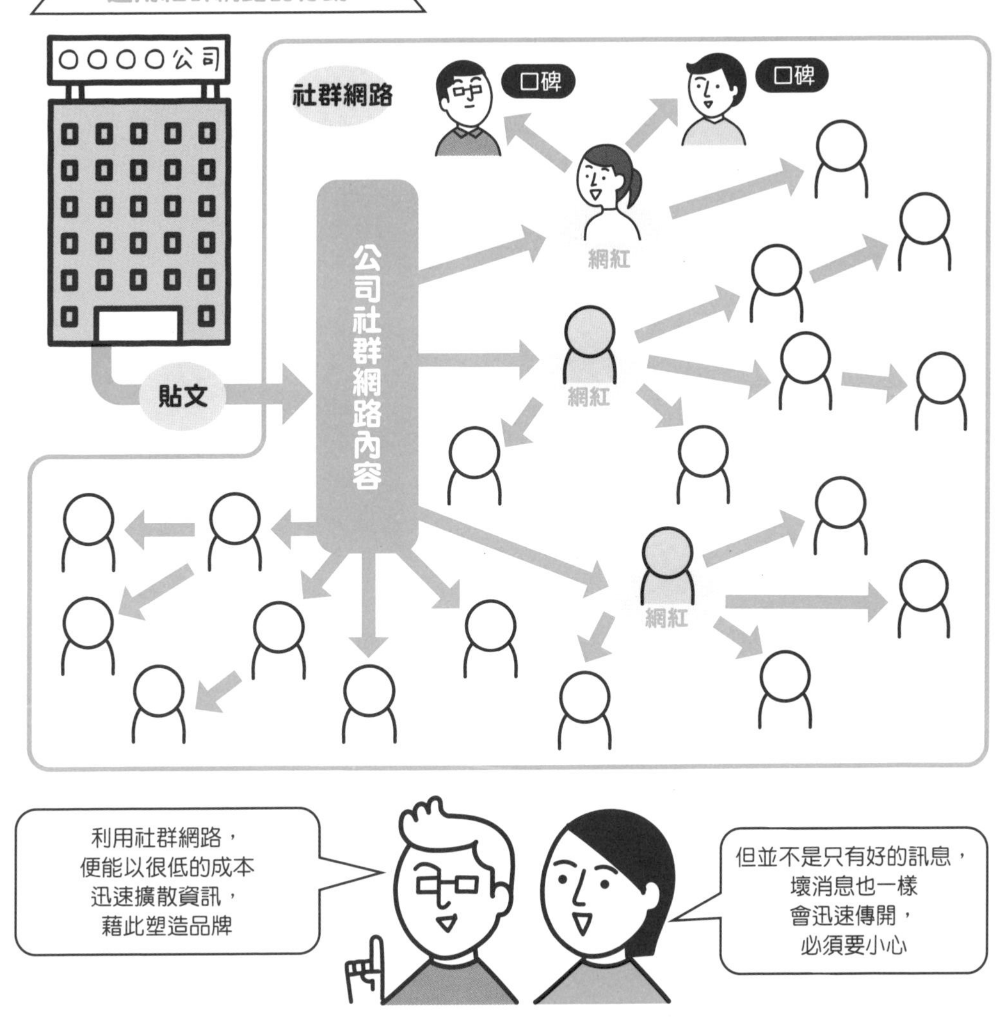

利用社群網路，
便能以很低的成本
迅速擴散資訊，
藉此塑造品牌

但並不是只有好的訊息，
壞消息也一樣
會迅速傳開，
必須要小心

可有效宣傳無形商品！用140個字宣傳企業特性的Twitter

登場於 2006 年的 Twitter，在本應為物理限制較少的網路環境中逆勢操作，透過僅 140 個字（半形英數字 280 個字）的貼文字數限制，以輕鬆隨性的社群網站之姿高速成長。而簡單易用的轉推功能，更是令人對其強大的資訊傳遞能力印象深刻。

Twitter 的強大傳播力，就在於 140 個字的貼文字數限制。感覺上這似乎不太適合希望詳盡說明商品或服務魅力的行銷，但實際上卻完全相反，Twitter 可說是一種具備數位行銷本質的媒體。為了以短短 140 個字傳達主旨，所表達的內容都極為精簡洗鍊，容易在短時間內傳達並讓人留下印象。說得誇張點，Twitter 的推文就像是只有長標題的文章。它能讓可能在長篇文章中被略過的重要資訊，迅速停留在消費

能以各種途徑擴散資訊

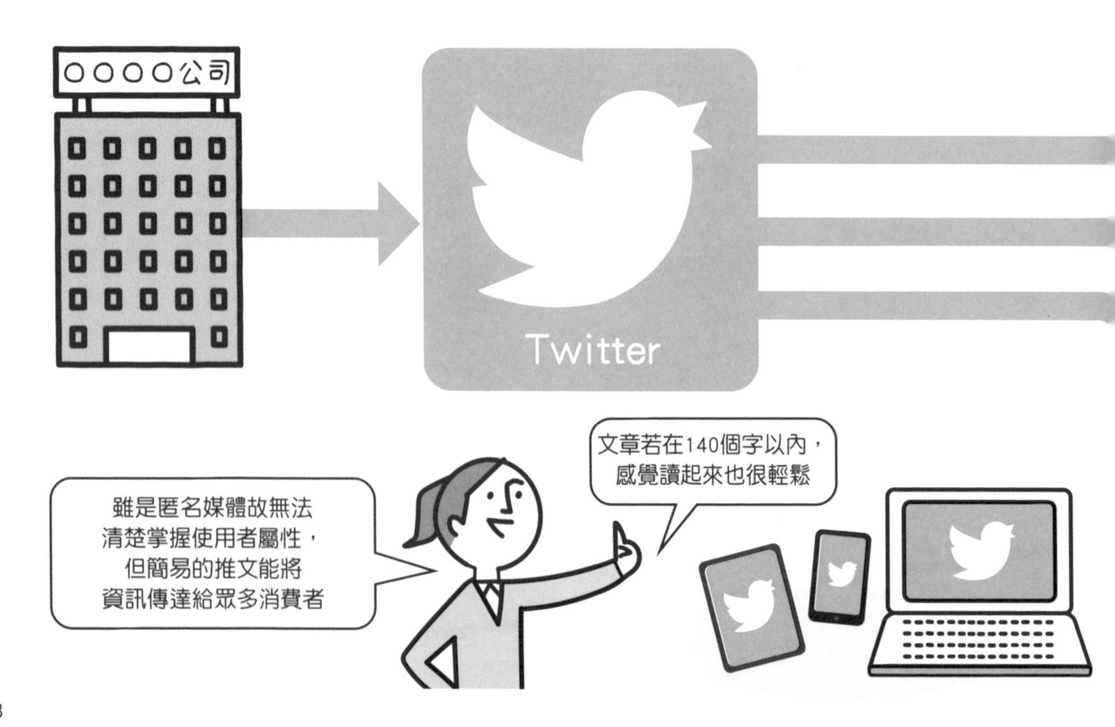

者的記憶中。此外一指輕按即可輕鬆**轉推**的系統，簡直就是為口碑行銷所設置的功能。而亦可張貼圖像與影片這點，也進一步增強了其訴求能力。

再加上，除了有如廣告時段般顯示於時間軸上的公告資訊外，企業也能和一般使用者一樣設定帳戶並傳播訊息，因此也能嘗試在此與使用者進行交流。眼睛看得見的即時交流，是一般行銷所難以實現的情境。甚至，還能透過這些廣告和自家公司帳戶來引導使用者安裝智慧型手機 App，真的可說是最適合宣傳無形商品的平台呢。

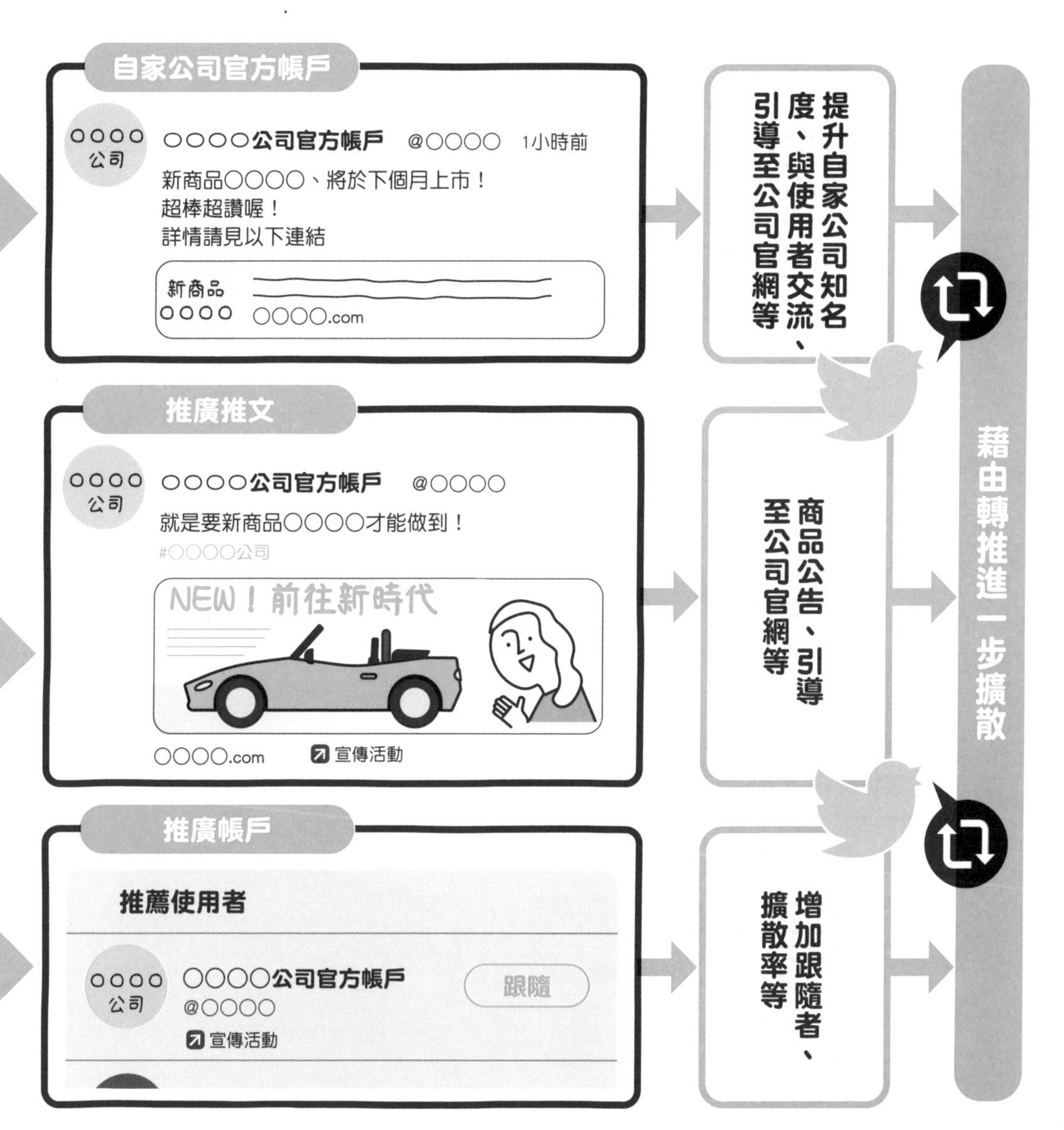

為封閉環境而能發送可靠訊息的 Facebook

Facebook 的最大優勢，就是其所累積的豐富個人資訊。以此為基礎鎖定目標對象，就能進行高精準度的廣告投放，而若是再配上廣告主的資料，更可獲得絕佳的廣告效果。

以實名制為基本原則的 **Facebook**，於設定帳戶階段就會登錄性別及家鄉、生日、職業、學歷、電子郵件地址等各種個人資訊。此外還會分析每天的貼文內容，以做為會員的屬性資訊來建立關聯性這點也廣為人知。而特有的臉部辨識系統，能在朋友貼出的照片裡辨識出各個會員並自動加上標籤等，其準確度之高令人咋舌。所以 Facebook 的廣告可設定精細的目標對象，光是所謂的受眾投放便可望獲得良好效果。

充分運用使用者的詳細資訊來進行廣告投放

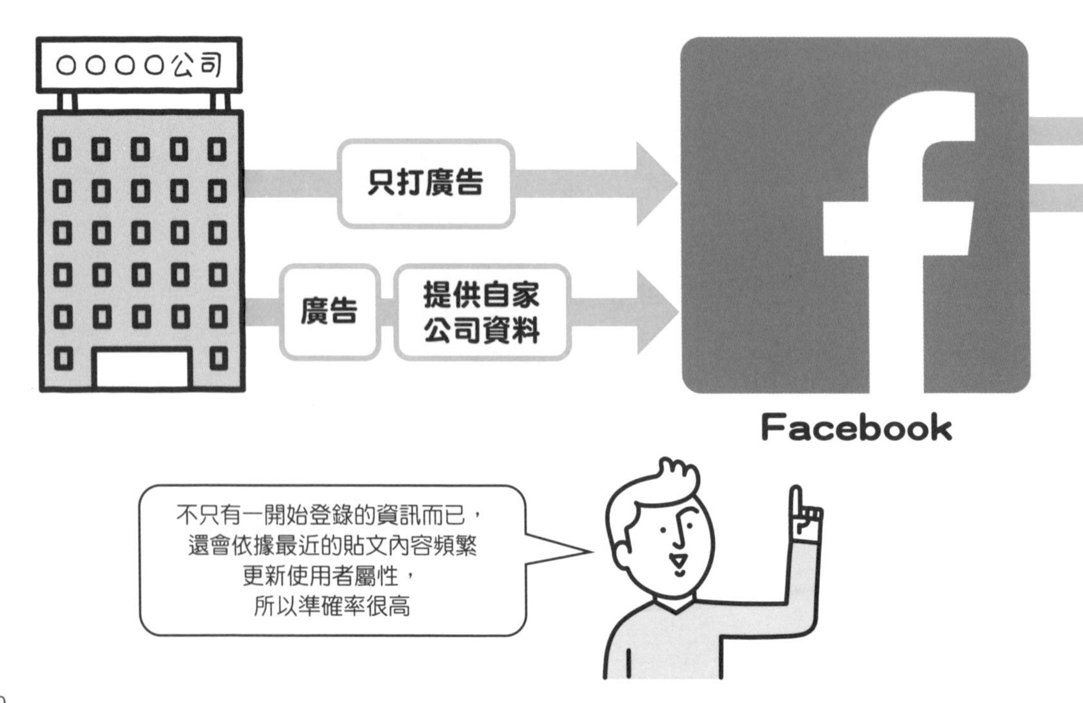

但 Facebook 廣告的真正價值並不僅止於此。比對廣告主所擁有的顧客資料和 Facebook 的使用者資料後，僅針對比對出之特定使用者投放（或不投放）廣告的**自訂受眾**廣告投放功能，能讓依目的投放廣告的精準度更高，可望獲得更好的效果。

甚至，Facebook 還進一步提供**相似受眾**的廣告投放功能，亦即可根據符合自訂受眾條件的使用者，篩選出具有相似資訊的其他使用者來進行廣告投放。這樣就能把這些人當成可能的潛在顧客群，可算是一種對擴大市佔率有很大影響的手法。而其中，廣告主選擇提供什麼樣的資料與 Facebook 連動，大大左右了廣告投放的成敗。

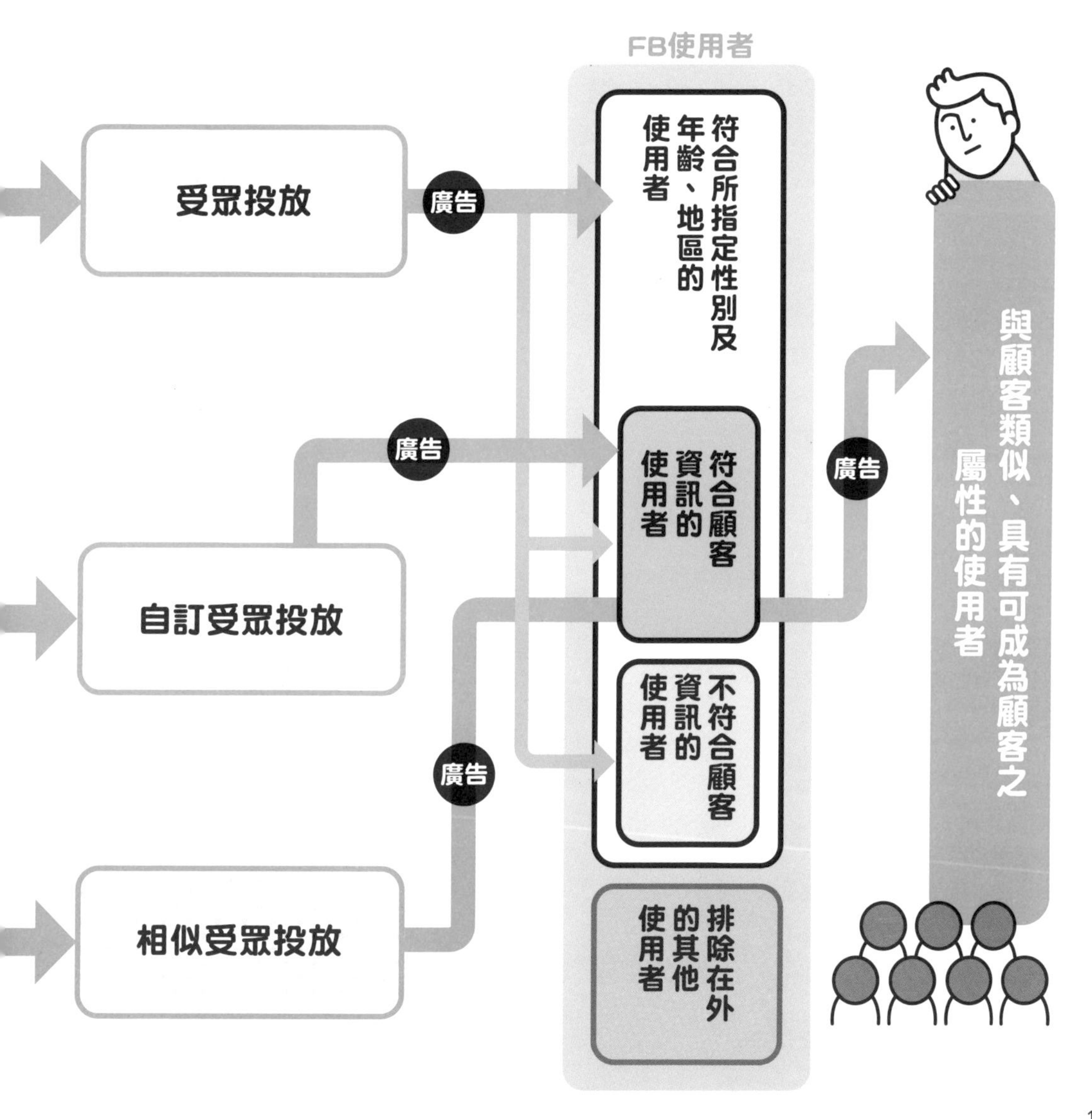

針對女性宣傳格外有力！視覺化且直覺地促進購買慾的IG

以張貼圖像為主的IG（Instagram），在投放以視覺圖像為主要內容的廣告時，能夠發揮比文字資訊廣告更好的效果。而由於能利用Facebook所擁有的會員資訊，故也能期待有精準的目標對象鎖定效果。

誕生於2010年的**Instagram**，簡稱**IG**，雖然在社群網路的世界中是相對較晚加入的平台，但卻在短時間內，以女性使用者為中心迅速衝高了會員人數。其影響力很早就獲得認可，在2012年被Facebook收購至旗下，到了2016年時，日本國內的註冊人數已突破1000萬人。當時Facebook在日本的註冊人數約為2500萬人，亦即已達到母公司4成的規模。但令人驚訝的還不止於此。相對於2019年時

IG的優勢在於瞬間的視覺衝擊

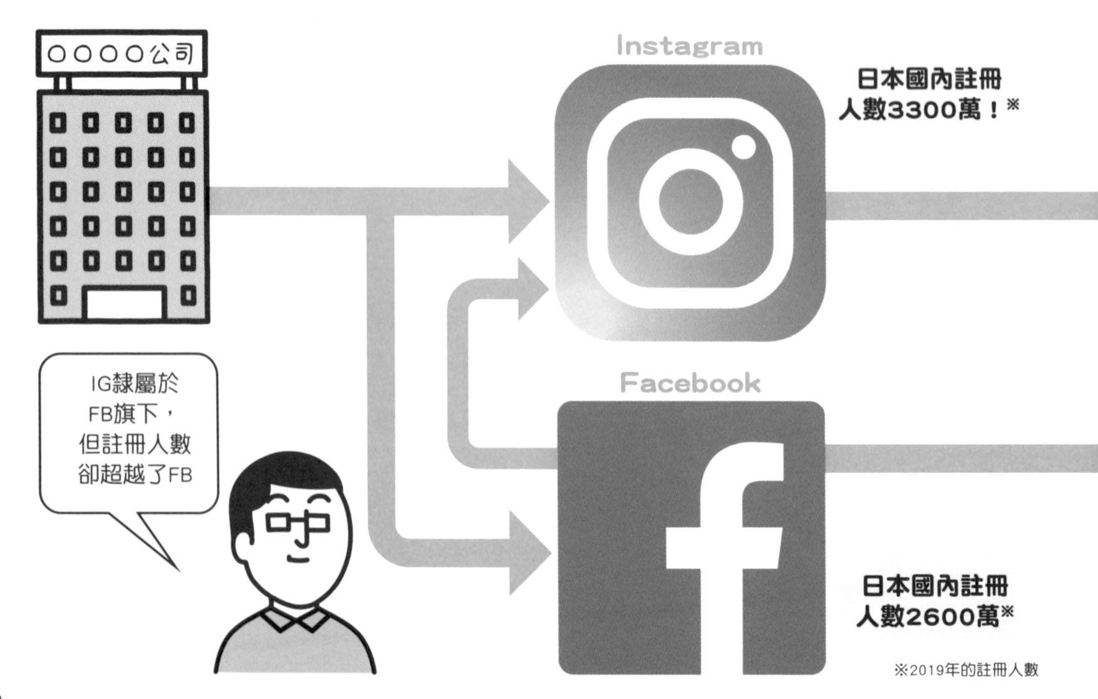

Facebook 的註冊人數達到 2600 萬人，IG 竟然超越了母公司，成長至 3300 萬人。而這番氣勢絲毫沒有停下來的跡象。

由日本眾所周知的流行語「IG 美照」可知，IG 是一種以張貼圖像為主的社群媒體。正因如此，IG 與具**視覺衝擊**力的商品廣告很合，很適合流行時尚及化妝品等廣告。其註冊會員中以 20 到 29 歲佔了最大比例，而女性使用者的比率很高這點也透露出了與時尚業界的極佳相容性。此外，從張貼的內容傾向看來，外觀浮誇的甜點和高級餐廳等在此媒體上也較容易吸引注意力。而由於為 Facebook 旗下的一員，故可運用註冊資料進行自訂受眾的廣告投放，亦是其優勢之一。

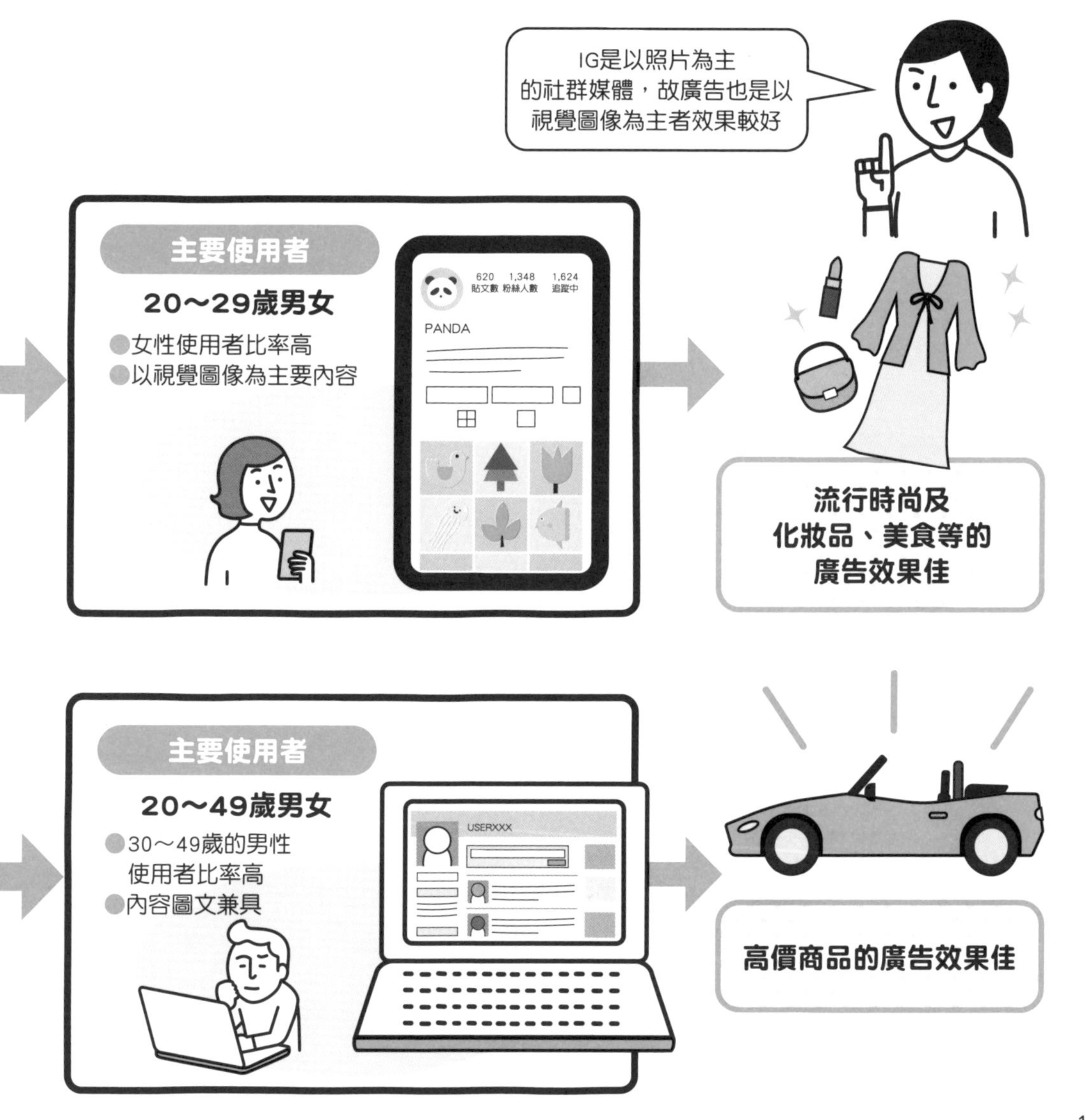

建構大規模會員組織的現代版電子報LINE

最多日本人使用的社群媒體是 LINE（台灣人亦然）。LINE 是以使用行動裝置為前提的服務，資訊擴散的即時性最高，其廣告可觸及 Facebook 和 IG 所無法觸及的使用者，影響力極大。

LINE 具備完整的聊天及語音、視訊通話功能，做為一種通訊 App，獲得了年輕族群的支持，並進而擴及其他各年齡層的使用者。事實上，LINE 的註冊人數光在日本國內就多達 8400 萬人，其規模可謂**日本最大**。而且所有的主要社群媒體都存在有一定比例的非活躍使用者（幾乎沒有操作紀錄的使用者），但 LINE 每天都至少登入一次的活躍使用者多達 7220 萬人，就媒體而言的巨大程度由此可見一斑。

日本最大規模的數位社群

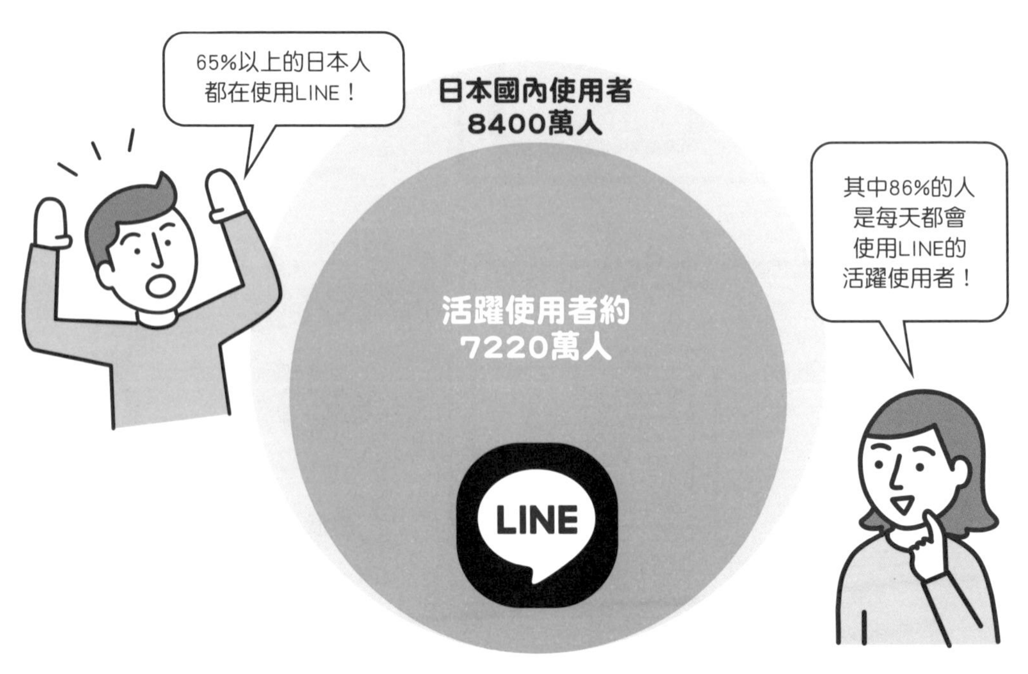

LINE 與企業的接觸點也相當多，除了針對時間軸的廣告投放外，只要促使使用者將官方帳號加入為 LINE 好友，便可實際擁有和發送電子報一樣的功能。甚至，LINE 還逐漸形成了付費下載原創貼圖等兼具廣告效果的市場。不過貼圖的製作需引進與過去不同的新技術，因此先透過廣告投放來促進加入好友與資訊發佈等才是王道。

而雖說 LINE 是可匿名註冊的媒體，使用者的會員資訊有限，但由於仍具有一些可供篩選的屬性條件，例如為某些名人的跟隨者等，故依舊可望有充分的廣告效果。此外，就如下圖所示，社群媒體的使用者中實際上有近 40% 的人只用 LINE，故可觸及Facebook及Twitter無法觸及的消費者這點，使之得以大幅領先其他社群媒體。

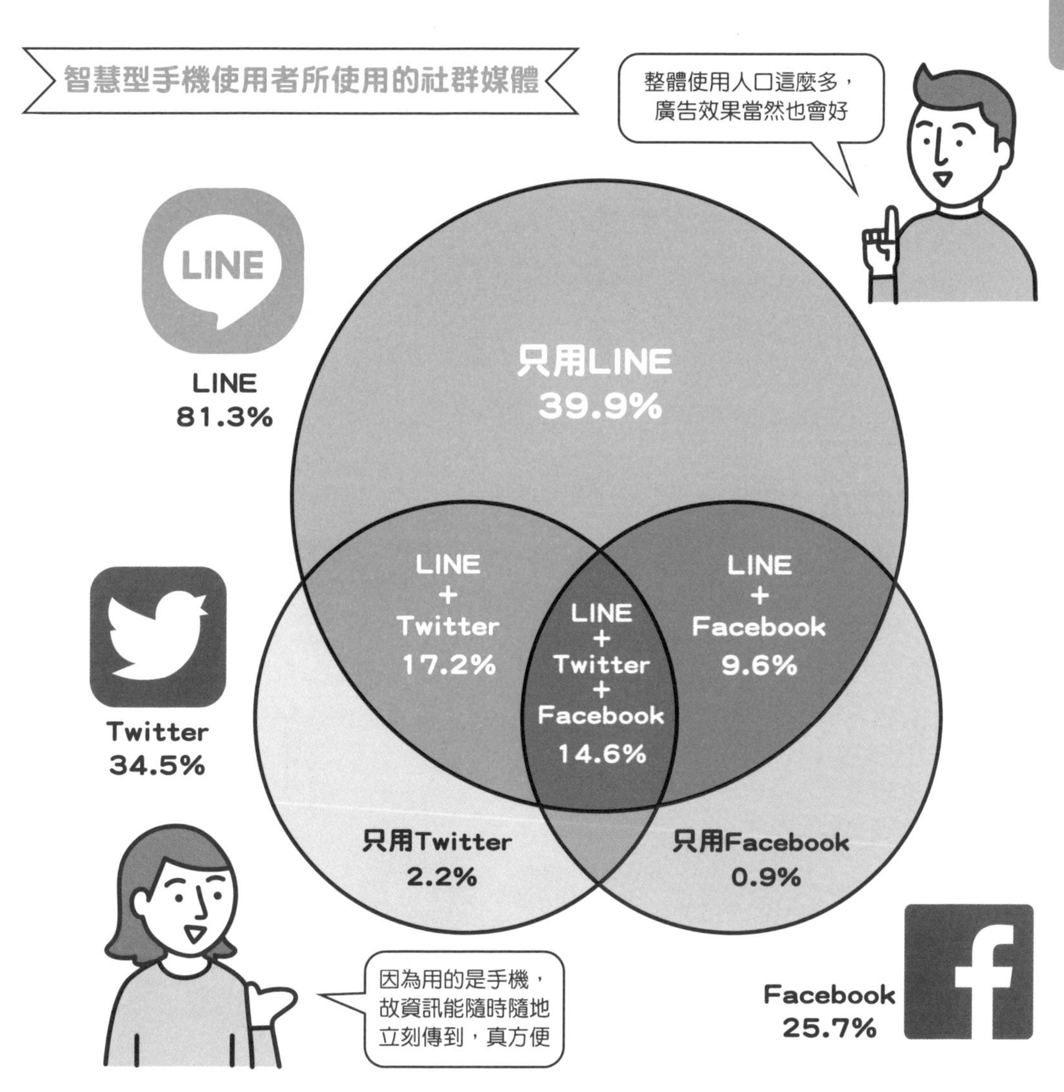

排除宣傳色彩而以實用影片拉近與粉絲距離的YouTube

YouTube 是由 Google 所管理營運的世界最大規模影音服務。讓使用者能主動搜尋自己想看的影片來欣賞的運作方式，具有很好的廣告效果，此外受歡迎的 YouTuber 以網紅身分發揮影響力的案例也屢見不鮮。

近年來，由於消費者能接觸到各式各樣的資訊，除了企業想要傳達的優點外，缺點也會很快被大家知道，因此有時光靠廣告無法得到很好的效果。即使優點勝過缺點，缺點還是比較容易讓人留下印象，故在資訊的處理上必須特別小心才行。而能在這時發揮效用的，就是透過 YouTube 實施的廣告策略。

雖然 YouTube 的系統會在影片中每隔一段固定時間插入廣告，或是在畫面上顯示橫幅廣告，但會顯示出廣告的影片，僅限於訂閱人數超過 1000 人的頻道的影片，而

消費者眼中的 YouTuber 口碑宣傳

且系統是以影片為單位來判斷可否顯示廣告，因此基本上廣告都是投放於高品質的影片上。

而與 **YouTuber** 的合作企劃，還能再進一步提升 YouTube 的廣告效果。這種做法是直接與擁有大量粉絲的 YouTuber（而非 YouTube）簽約，請對方介紹自家公司產品，故可期待獲得一般企業廣告所無法獲得的、具極大說服力的**口碑效應**。而且為了避免變成隱匿合作關係的隱性行銷（Stealth Marketing），多數 YouTuber 都會在影片內明白表示這就是業配。而這會引發良性循環，亦即 YouTuber 只會介紹經嚴格挑選的、自己真的覺得好的商品或服務。

最適合用於年輕族群的商品宣傳！有如短廣告般的TikTok（抖音）

以分享及發佈使用者所製作之短片而博得高人氣的 TikTok（抖音），使用者數量正以 10 ～ 29 歲的女性為中心快速成長中。其中不具廣告感的各種企業活動，對提升公司知名度有很大貢獻。

TikTok（抖音）是始於 2016 年的新興社群媒體，而在日本是於隔年的 2017 年才開始提供服務。透過該公司提供的 App，用手機拍攝並發佈短片的服務內容大受歡迎，日本使用者人數在 2019 年達到 950 萬。由於和同為影音服務的 YouTube 相比，使用者的參與門檻較低，觀眾也能更輕鬆地享受短片，因此預估今後其規模還將進一步擴大。就全球而言，TikTok 的男性使用者約佔 55%，不過在日本國內，影片的發佈者約有 65% 都是女性。年齡層雖以 10 ～ 19 歲為大宗，但實際上 20 幾歲以上

簡單易用而讓使用者也能參與的廣告

的觀眾佔了大多數，故 TikTok 也並不是專屬於年輕人的媒體。其對社會人士的廣告效果或許反而較高。

TikTok 的廣告投放可分為三種，第一種是於 App 啟動時會顯示 3 ～ 5 秒左右的靜態圖像或 GIF 動畫。這樣的時間長度既不會讓人對廣告產生不好的印象，又足以充分傳達企業名稱及商品名稱等訊息。第二種則是 TikTok 特有的、與企業合作的「**# 挑戰**」企劃。這是一種讓使用者配合企業所提供的音樂等素材來拍攝短片並發佈，以使用者參與的形式自然提升好感度的機制。而第三種是動態內廣告（In-feed Ads），會顯示於所發佈的影片上。

值得記住的數位行銷用語集③

1. BtoB（P92）

「Business to Business」的縮寫，也寫成 B2B，即企業之間的商業交易。這樣的 BtoB 行銷，是企業以其他企業為顧客，於瞭解其需求後，獲取潛在顧客並進行商務洽談，最終拿到訂單。而拿到訂單後，還會進行客戶滿意度調查，持續增加固定客戶。此外，「BtoC」則是「Business to Consumer」的縮寫，也寫成 B2C，是指企業對消費者的商業交易。

2. 潛在顧客（Lead）（P92）

數位行銷就是在 BtoB 及 BtoC 等的電子商務中，透過獲取潛在顧客及培養潛在顧客（建立關係）等方式，達到做成生意之目的。若是從顧客的立場來分析此過程，則可分成 5 個階段，主要從「認識」商品及服務開始、對這些商品和服務感到「熟悉」，接著「考慮」購買，然後實際「購買」，進而成為「粉絲（固定客戶）」。

3. 品牌塑造（P94）

即提升企業所創建之品牌的知名度和形象。品牌塑造是與行銷類似的概念，不過相對於行銷是自行創造並擴大市場、自行試圖提升商品的知名度，品牌塑造則主要是間接地試圖提高商品（品牌）的知名度和形象。具體來說，品牌塑造就是透過自家公司以外的其他媒體或新聞等，來傳播自家品牌的正向資訊的一種現代行銷手法。

4. 病毒式行銷（P96）

在網路上，讓使用過商品或服務的使用者將該商品或服務推廣、介紹給親朋好友的一種行銷手法。也可說就是網路上的口碑行銷。英文為 Viral Marketing，Viral 就是「病毒的」，亦即如病毒般迅速傳播之意。這原是流行於美國的一個概念，但現在在日本的網路商城等也有這類應用案例，像是點按「用電子郵件推薦給朋友」等。只不過被誤認為垃圾郵件的情況也不少，還是有缺點存在。

5. 網紅（influencer、影響者）（P97）

英文為 influencer，直譯成中文就是「影響者」。這與日本女子偶像團體乃木坂 46 的一首熱門歌曲同名，此外也成了 2017 年的日本流行語。在數位行銷的世界裡，網紅是指在社群網路上具影響力的人，而網紅行銷，就是一種請這樣的人來宣傳自家公司的商品及服務，試圖藉此提高銷量與好感度的行銷手法。在這種情況下的所謂網紅，具體來說就是很受歡迎的 YouTuber 和 Instagrammer 等。

6. 轉推（P99）

指在網路的 Twitter 平台上，針對自己喜歡的推文（貼出來的文章）點按轉推圖示，將之發佈於自己的時間軸。這樣就會使該推文內容自動出現在自己的頁面上，進而擴散、傳播出去。熱門或具話題性的資訊往往立刻就會被轉推，於是成為呈現爆炸性傳播的所謂「Buzz」。因此在數位行銷上，如何讓自家商品的正向資訊被轉推，可謂關鍵所在。

7. 推廣推文（P99）

指廣告主以付費方式發佈的推文，藉此接觸廣大的使用者族群，並繼續為現有的跟隨者所喜愛。所有的推廣推文全都會明確顯示出「推廣」標籤。除此之外，推廣推文和一般的推文一樣，可進行轉推、回覆、喜歡等操作。

8. Facebook（P100）

即台灣俗稱的「臉書」。是由美國的 Meta Platforms（前稱 Facebook）公司所提供，為代表性的社群網路服務之一。現在在全球擁有超過 23 億的使用者人數，十分傲人。只要註冊為會員並登錄個人資訊，便可發佈各式各樣的意見及資訊、在 Facebook 上交友、和朋友交換資訊及互傳訊息、按「讚」及留言評論等。雖然 Facebook 基本上是個人型的社群網站，不過企業以傳播資訊等為目標利用 Facebook 的行銷策略也很受到矚目。

9. IG（Instagram）（P102）

由美國的 Meta Platforms（前稱 Facebook）公司所提供的社群媒體，是一種免費的照片共享平台。個人可發佈自己喜愛的照片，而瀏覽者則可點按「讚」（愛心圖示）等來進行共享。在這樣的 IG 平台上的好照片，被日本人稱為「IG 美照」，而此一詞彙也成了 2017 年的日本流行語。在 IG 上張貼內容的人被稱做「Instagrammer」，而很受歡迎的 Instagrammer 也能成為行銷上的網紅（influencer、影響者）。不過最近又有所謂的「IG 蒼蠅」（日文發音與「IG 美照」相同）蔚為話題，指的是為了拍出能在 IG 上獲得很多「讚」的美照，而做出許多危險、誇張的行為，就如蒼蠅般惹人厭的 Instagrammer。

10. TikTok（抖音）（P109）

由中國的字節跳動公司所開發、提供的服務，能讓人製作、發佈並瀏覽 15 秒至 1 分鐘左右帶有背景音樂的影片。製作者可從清單中挑選背景音樂，並與自行拍攝的影片結合成短片。就如 YouTuber，在 TikTok 上發佈短片的人也被稱做「TikToker」，主要是受到年輕族群的支持。

Chapter 4

讓人不由自主地買下去的 CV 終極奧義

讓來訪的使用者

透過購買商品而變成顧客

就是行銷上所謂的轉換（CV）。

在本章中

便要藉由各式各樣的案例

來解說至成交為止的

許多關鍵要點。

最重要的指標 CVR（轉換率）是指什麼？

數位行銷的最終目的就是與顧客完成交易，但這個最終目標鮮少有機會能夠一舉達成。所以要為一開始的立足點，亦即為網頁設定明確的CVR，然後據此逐一達成各階段目標。

CVR（轉換率）是代表行銷成果的標準之一。它代表的是以往與企業毫無關係的消費者轉變成顧客的比例，像是在來訪網站的人之中實際購入了商品者的比例，便是CVR的一個例子。在各種情況下，每當買賣成立的那一瞬間，就可算是完成了**轉換**。

然而行銷並不總是能獲得預期的成果。這時往往容易陷入只看最終結果的錯誤心態，例如覺得只要設立了網站銷量就會增加等，完全無法想像中間的過程。

明確釐清希望讓消費者採取什麼行動

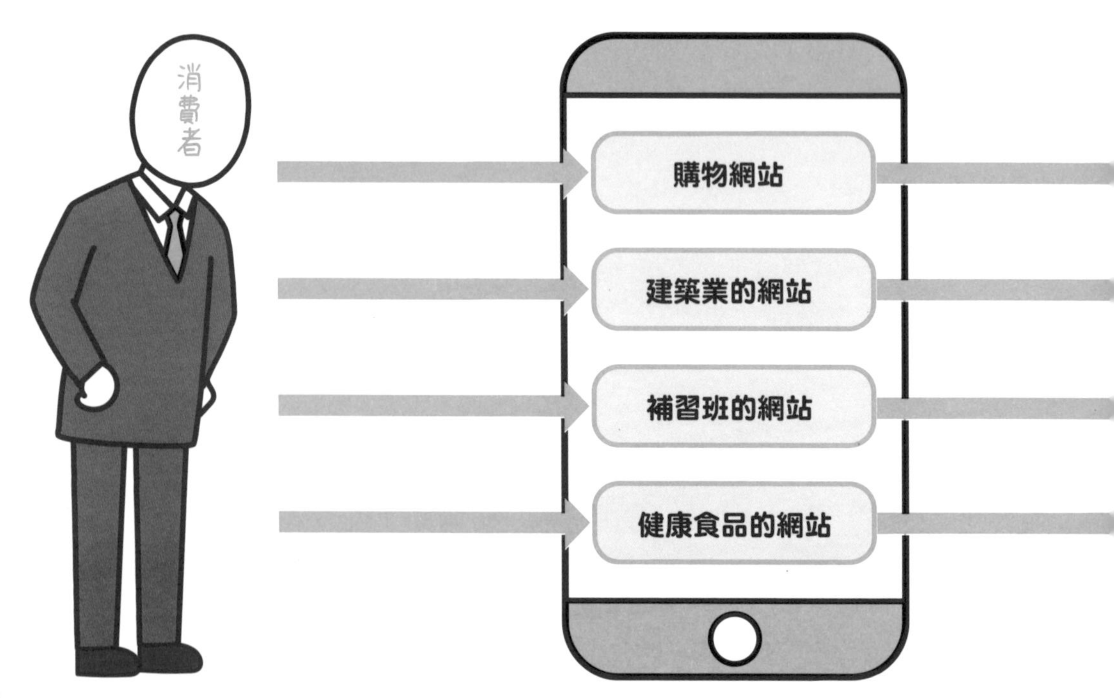

若是如此，一旦出了什麼問題，便會無法找出問題所在。因此必須仔細地逐一設定網站中各個頁面的轉換目標，採取逐步累積的做法。例如，BtoC 企業可將在首頁註冊成新會員、索取資料設定為轉換目標，然後把在下一頁讀完商品的詳細介紹並進入訂購手續頁面當成新的轉換目標。以這種方式比較各個頁面的 CVR，就能看出數值是在哪個階段開始下降，以便修正問題所在。依行業的特性不同，有些產業也可同時設定多種轉換目標，請務必靈活而仔細地進行設定才好。

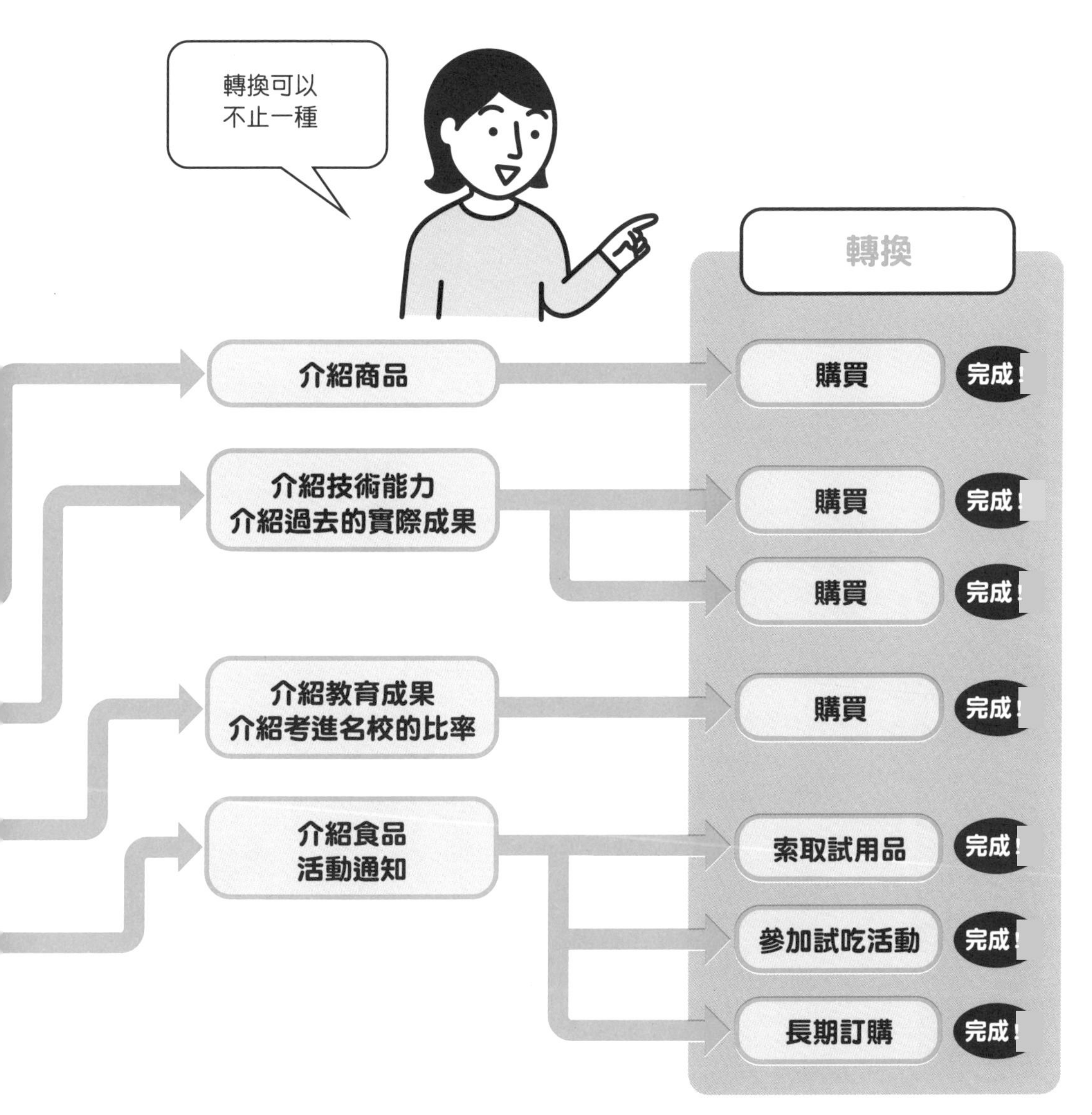

到底是什麼原因導致CVR偏低？

明明 CVR 應該設定得很恰當，但卻遲遲無法達成的話，就必須找出箇中原因。其原因可大致分成 3 類，而不論屬於哪一類，都必須從客觀的角度確實掌握問題所在並加以修正才行。

據說網站的 **CVR 平均**為 **1%** 左右。也就是每 1000 名的訪客約莫能帶來 10 筆交易。若為知名品牌，則 CVR 會到 10% 以上，而廣告的 CVR 則為 2%，差異範圍還蠻大的。因此首先，讓我們針對內容結構與設計都已更新但 CVR 卻未能提升的網站，來進行分析討論。

若是無法獲得預期的成果，通常是網站中潛藏著大致可分為 3 類的問題點。其中第一類是市場及環境變化上的問題。例如競爭對手推出了更具吸引力的商品，導致自

CVR 偏低的原因可分為 3 類

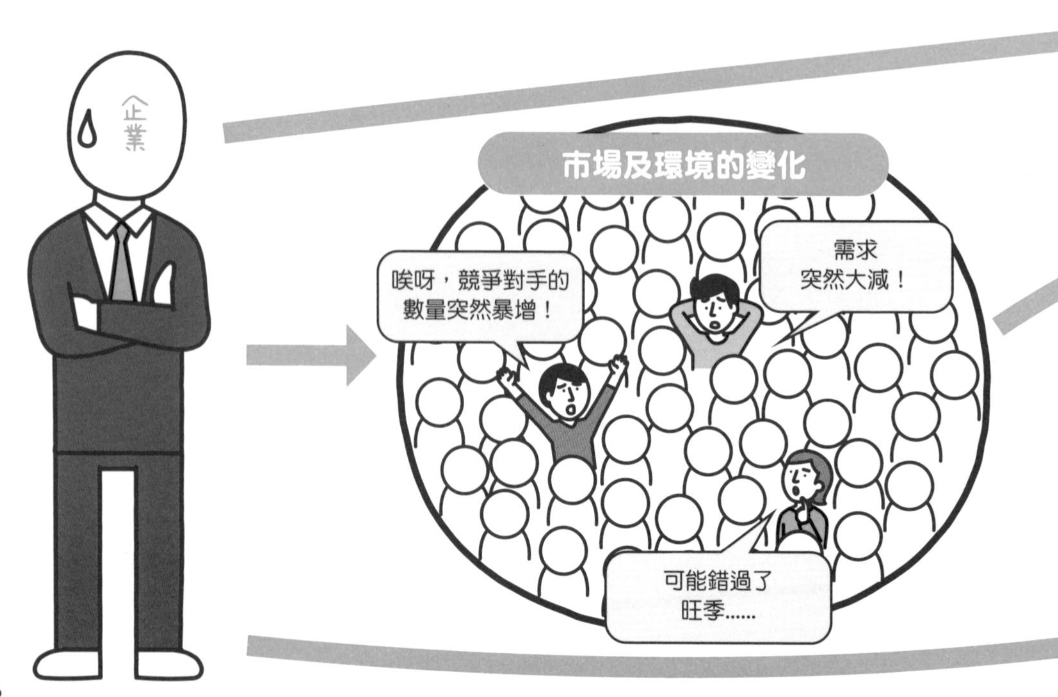

家公司產品的吸引力降低，或是發生市場需求驟降等情況。也就是說，網站所提供的商品本身有問題，故需採取改賣不同商品的策略。第二類是內容沒有正確對應的問題。連結的標題與實際連到的商品不一致，或是商品的介紹內容和商品本身的魅力所在不一致等。這樣就無法促使消費者購買。而最後的第三類，是資訊過多導致頁面不易讀的問題，這往往會讓消費者半路退出網站。亦即一心想著要傳達商品的魅力，於是塞進過多資訊，反而在沒能清楚傳達的情況下，讓人看著看著就失去了耐性。要知道，最好的網頁結構莫過於簡單明瞭。此外也該注意是否有導覽複雜難懂、顯示速度太慢等網站結構易用性方面的問題。

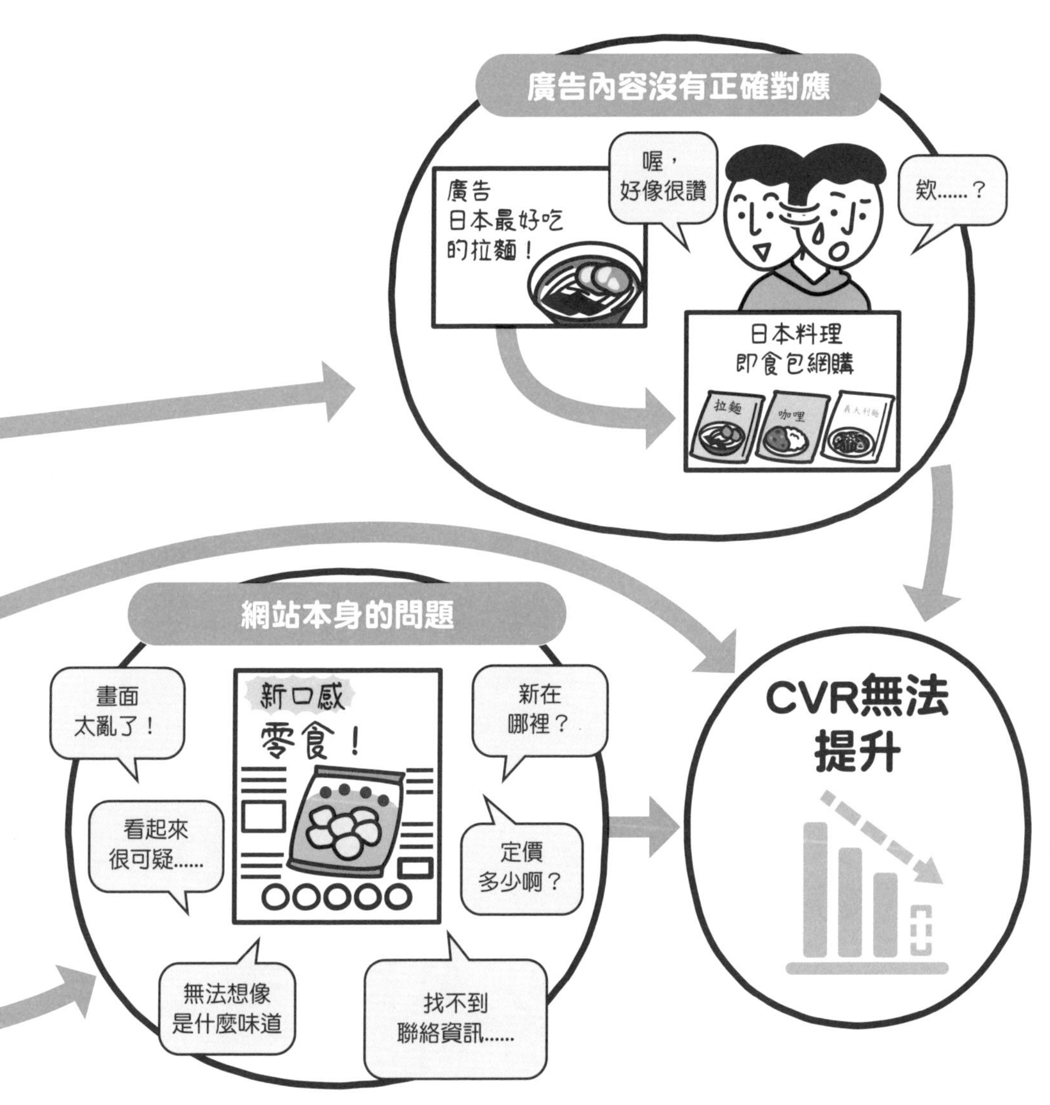

讓CVR立即上升的網站製作方式

若要改善網站給人的凌亂印象，其秘訣就在於縮減各個頁面所要傳達的資訊量，並使圖像與標題強弱分明，編排出整體輕鬆易讀的網頁。此外配置圖像及文章時，也要意識到視線動向才行。

消費者能否達成轉換的分水嶺，往往就在於一開始瀏覽的**登陸頁面（Landing Page，也叫到達網頁，即進入點）**。在這裡若是出現過度擁擠凌亂的頁面，大多數消費者應該都會喪失閱讀興致，於是就直接把瀏覽器給關了。如此一來，即使訪客增加，CVR 也只會持續探低。

這時，首先要確認最希望訪客看的標題是否設計精美且尺寸適當，還有所刊載的商品照是否清晰且大小合宜。而除了絕對必要的基礎資訊外，若沒有足夠的頁面空間可容納其他額外資訊，那麼別勉強，可將這些額外資訊移到別的頁面。

要改善 CVR， 就必須改善網站

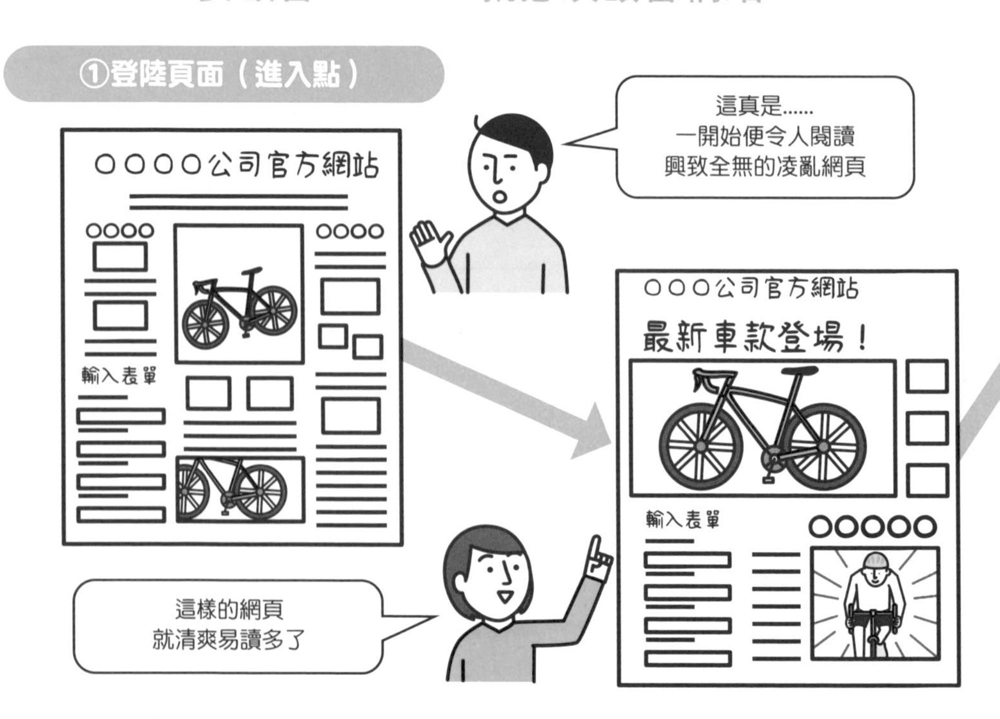

因為與其塞進所有資訊，更重要的是保持簡單，好讓訪客能輕鬆達成我們希望訪客在最初階段做的事，並且有意願進入下一個頁面。同樣地，也要確認文章以怎樣的順序閱讀才會清楚明白、**視線動向**是否錯綜複雜等。橫書文章在整個頁面中最好是由左上往右下排列，若是將希望訪客最後閱讀的重要資訊放在左下方，很可能就會被跳過而沒注意到。還有，若是想促使訪客註冊為會員或索取資料，在這個時間點減少需輸入的資料項目，盡可能降低訪客的壓力，也是一大關鍵。

UI（使用者介面）決定了CVR？

站在消費者的立場時，往往不太有機會意識到 UI（使用者介面）的存在。不過就數位行銷而言，提供使用者直覺式的操作也與成果直接相關，因此有必要徹底講究 UI 的每個細節。

電腦上的 **UI**（User Interface，**使用者介面**）是指 Windows 和 Mac OS 等作業系統（OS）。早期的電腦只能在螢幕上顯示出 0 與 1 的數位訊號，但經歷 MS-DOS 後，圖像化的操作畫面被建構為 Macintosh 的 UI，之後便不再需要專業的程式語言知識，也能以滑鼠指標點按畫面上按鈕的方式來操作電腦。換言之，提供了操作性更良好的畫面結構的 OS，就是電腦上的 UI。

將數位資訊具體地呈現出來的就是 UI

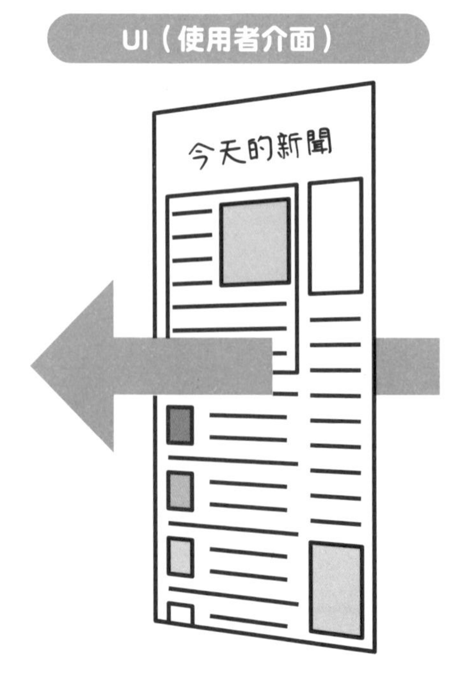

正如 OS 本身就是 UI，對消費者來說，企業的網站也是用來查看商品及服務資訊的 UI。在通訊環境尚未完備故還無法傳送大量資訊的時代，網站內容大多以文字為主，但當高速傳輸線路變得普及，各個網站便開始大量使用靜止圖像與影片。由於圖像就是能讓人一目瞭然，因此比起閱讀文字，傳達資訊的速度更快，受眾的理解程度也更高。網站設計變得更為圖像化，甚至也開始設計出以大螢幕瀏覽時更能發揮效果的版面。不過近年來用智慧型手機瀏覽的消費者越來越多，所以網站在製作時，也開始針對手機的特性來考量設計及操作性、頁面結構等。這種操作性上的好壞，對 CVR 有很大的影響。

從設計性進化到易用性

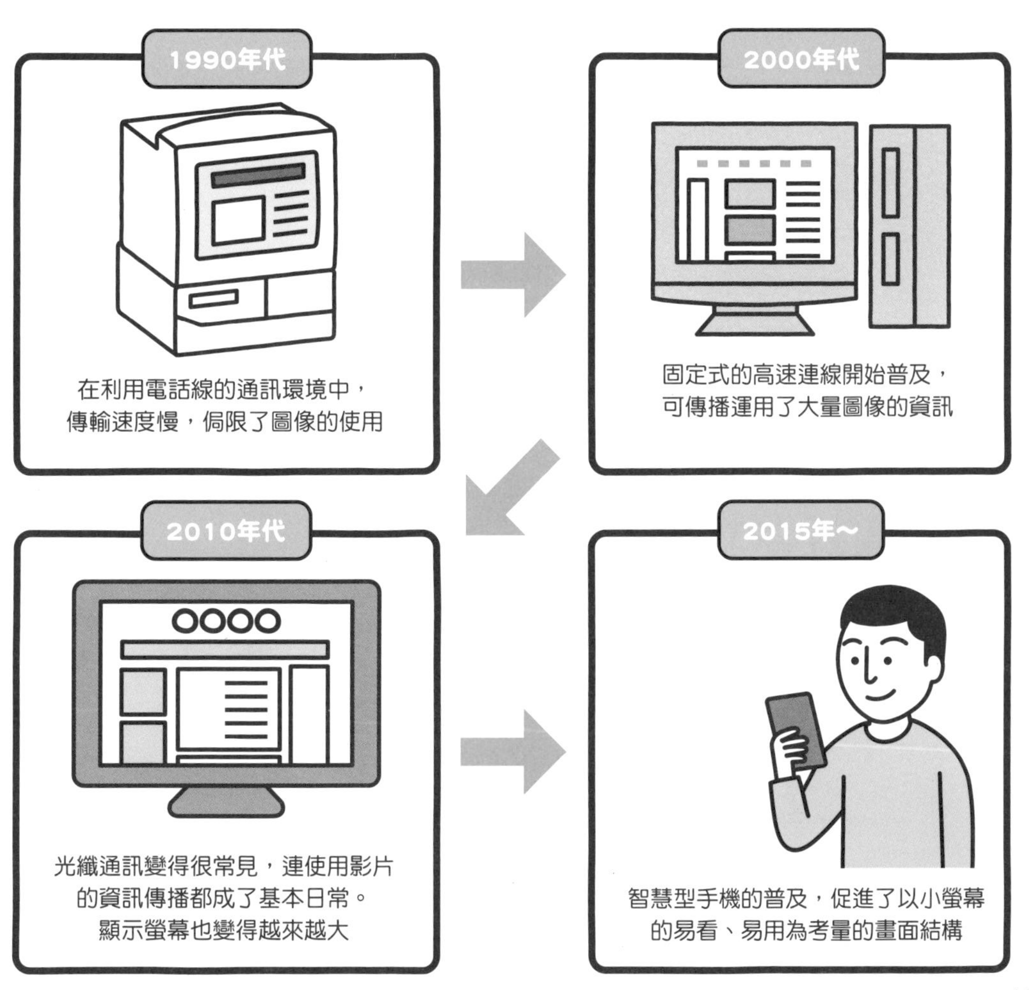

什麼樣的UX（使用者體驗）能讓人順利完成購物？

UX（使用者體驗）與 UI 乍看相似，但實則不同。優質的 UX 不僅能讓使用者感覺舒服，還能帶來喜悅與感動，並喚起進一步的消費行為。不單只是畫面上的操作性而已，UX 能為使用者帶來全方位的愉悅舒適感。

UX（User Experience），中文一般翻成「**使用者體驗**」，經常會以 UI/UX 的寫法與 UI 一起被當成一組概念來討論。雖說兩者乍看相似實則不同，但在某些情況下確實難以區分，很容易混為一談。

前一單元說過，提供舒適操作性的是 UI。而相對於此，操作時伴隨著驚訝和喜悅等情緒的，則是 UX。由於 UI 也經常會不斷更新，有時其外觀或操作性的徹底改變伴隨了驚訝和喜悅的情緒，這時就可說是一種結合了 UI/UX 的技巧。

使用時能讓人感到喜悅是 UX 的基礎

單就 UX 而言，其定義應可說是在特定 UI 上可搔到癢處的操作上的附加價值。例如近幾年流行的智慧型手機的**臉部辨識系統**，便為使用者提供了以往未曾體驗過的驚喜 UX。回溯過去，從所謂傳統按鍵式手機切換到觸控螢幕式智慧型手機時的 UX，也帶來了很大震撼。而在企業網站方面，若曾實際在同一網站上買過商品便會被自動登入，或是購物結帳時不必再次輸入信用卡資料及送貨地址等，也都是很棒的 UX。想必很多人都多次受到這類使用者體驗的鼓舞而購買了商品。但必須注意是，這種令人感動的體驗終究會變成「平凡的常態」，故務必記得要持續追求新的 UX 才行。

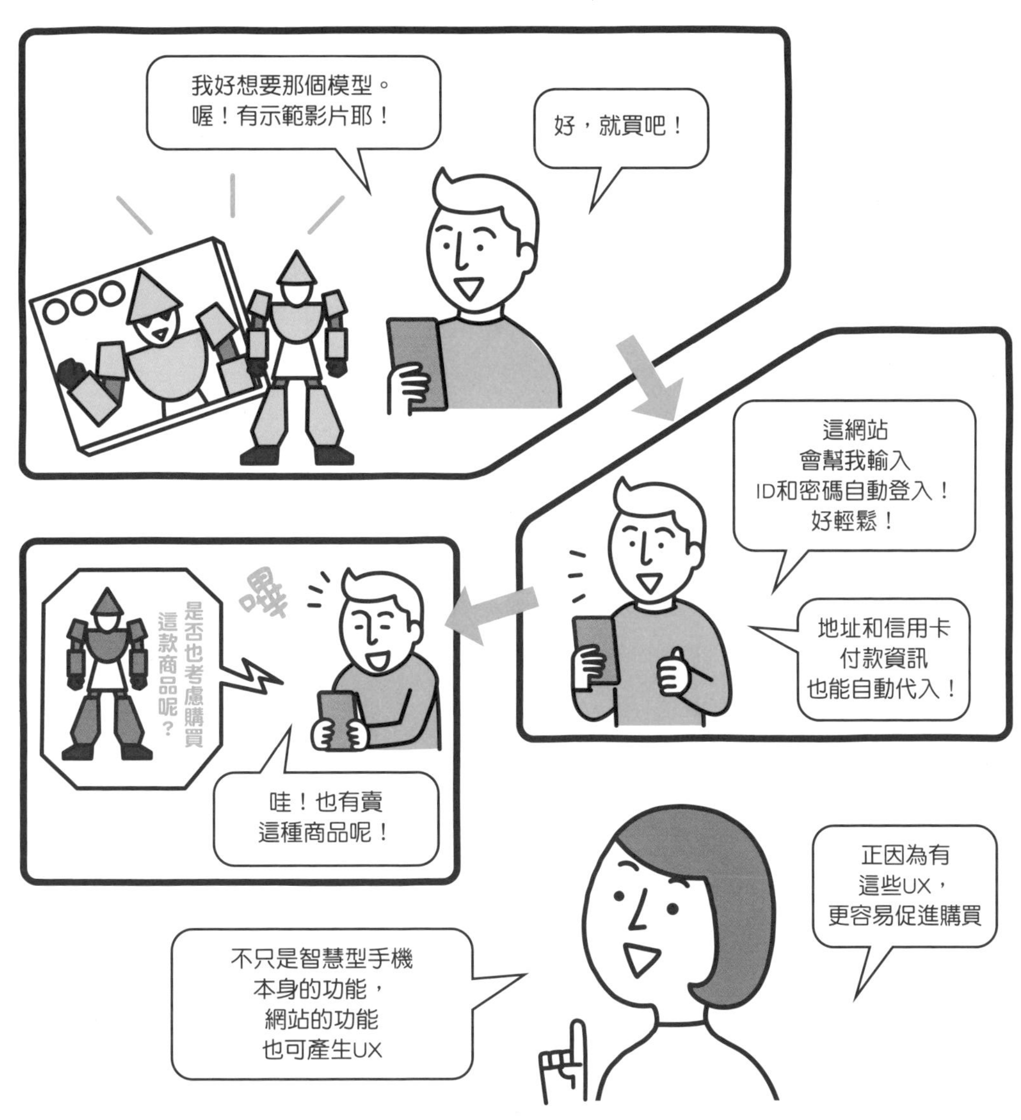

可提升CVR之登陸頁面的編寫基礎知識

不論產品或服務有多好、多棒，若是沒能使其魅力獲得充分理解，便無法形成消費者最終的購買意願。因此透過文章來提供資訊就變得非常重要。而這需要不同於一般報告撰寫的特殊技巧。

若是打算閱讀小說或散文、學術論文等文章，那麼就算整個畫面上文字排得密密麻麻，應該也不至於覺得很煩。但若是為了比較或購買商品而打開網站的話，當看到畫面塞滿了文字的那一瞬間，肯定心都涼了。並不是單純把資訊都列出來就好，內容必須結構得讓人**想讀**、**想買**，要能夠誘導瀏覽者的心理才行。因此我們必須意識到，文章為文字資訊的同時，也是一種視覺元素，並以此為前提來思考有效的配置

簡單易懂並引起購買慾望

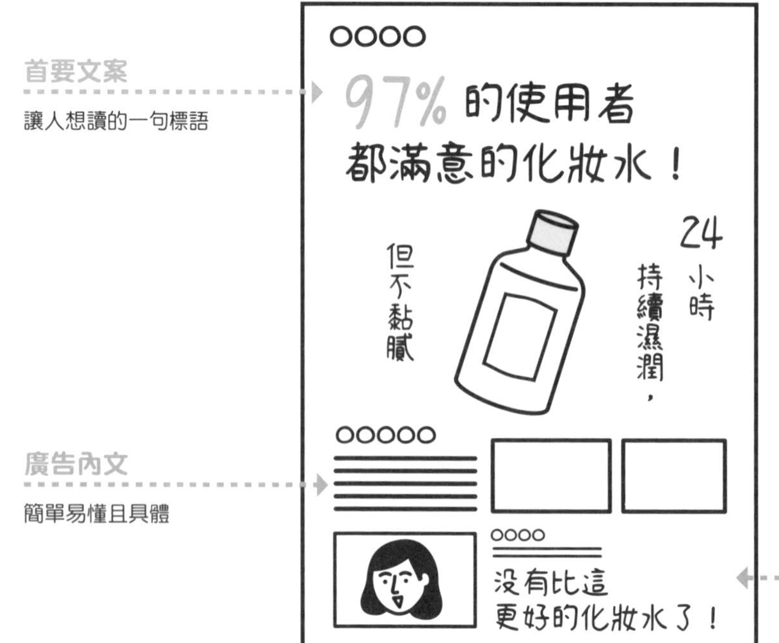

方式。在此便將登陸頁面的內容結構分成①首要文案（標題、廣告標語）、②廣告內文（正文）、③**結尾文案**（結論部分）這三個部分來討論。

首要文案必須以一句話充分表達商品能否滿足消費者的期望。而「或許能滿足需求」的寫法能讓人產生期待感，也是一種有效的選擇。讓人想要閱讀廣告內文可說是最主要的目標。內文應避免迂迴的表達方式，總之簡潔明瞭、不讓人產生誤解的寫法非常重要。至於最後的結尾文案，最好是能有效讓人覺得「現在就想買」的一句話。例如電視購物最後常有的「從現在起的 30 分鐘提供特別優惠價！」等說法，就是應用了這種技巧。

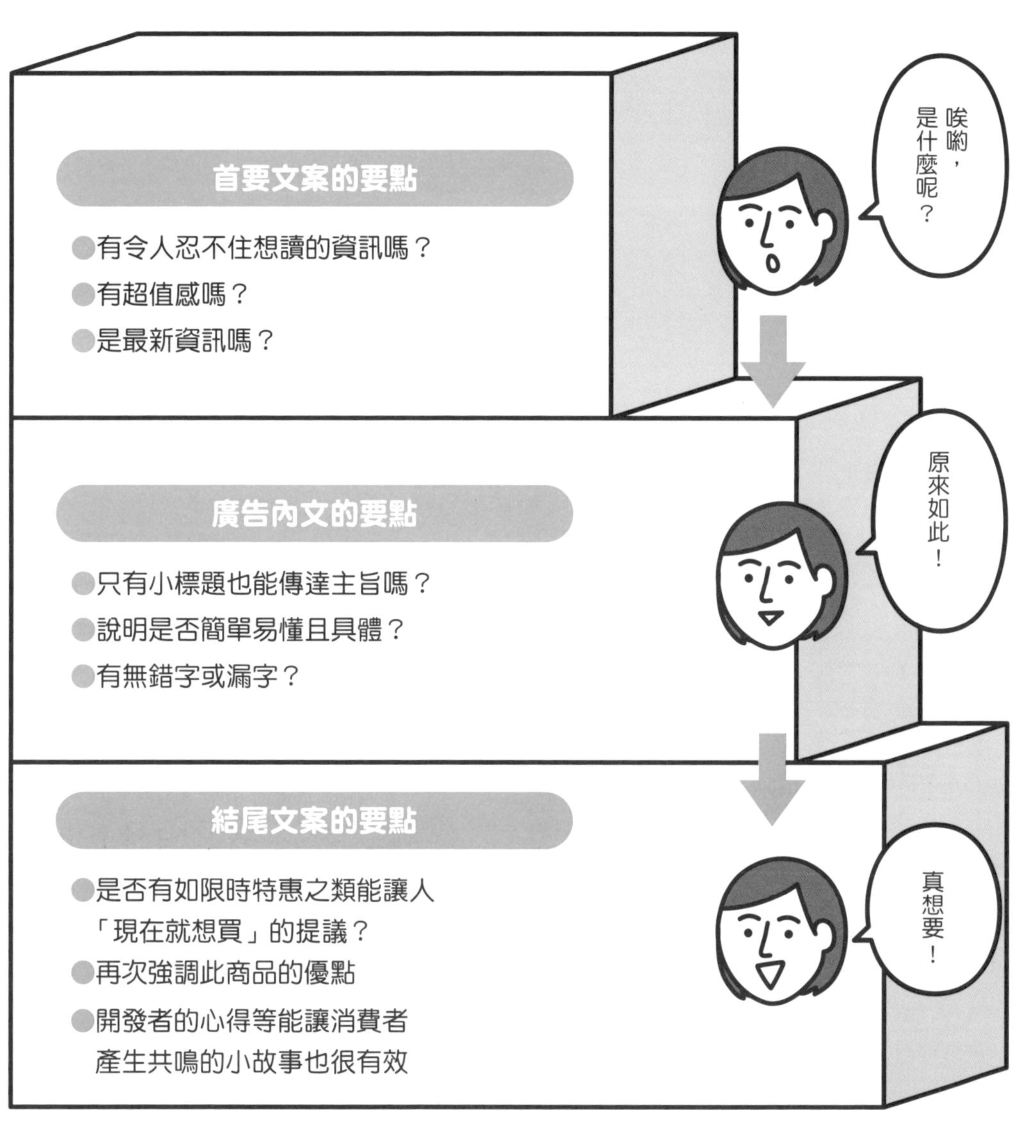

成功讓CVR激增的UI/UX改善案例 ①Panasonic

當 Panasonic 發現其手機版的登陸頁面有跳出率過高的問題時，便開始努力改善頁面的 UI。為了釐清問題根源，他們設定課題、修改版面配置，並增設了供點按的按鈕。

據說在實際來到商店之前，有 9 成的消費者都已完成商品的比較或購買決策。換言之，透過資訊裝置等進行的商品研究就是如此地意義重大，若是因為使用者從登陸頁面直接離開而失去被比較的資格，那可真是虧大了。從 Panasonic 的資料看來，他們手機版登陸頁面的跳出率特別高，因此改善這點便是其當務之急。

針對問題提出假設、修改，並加以驗證

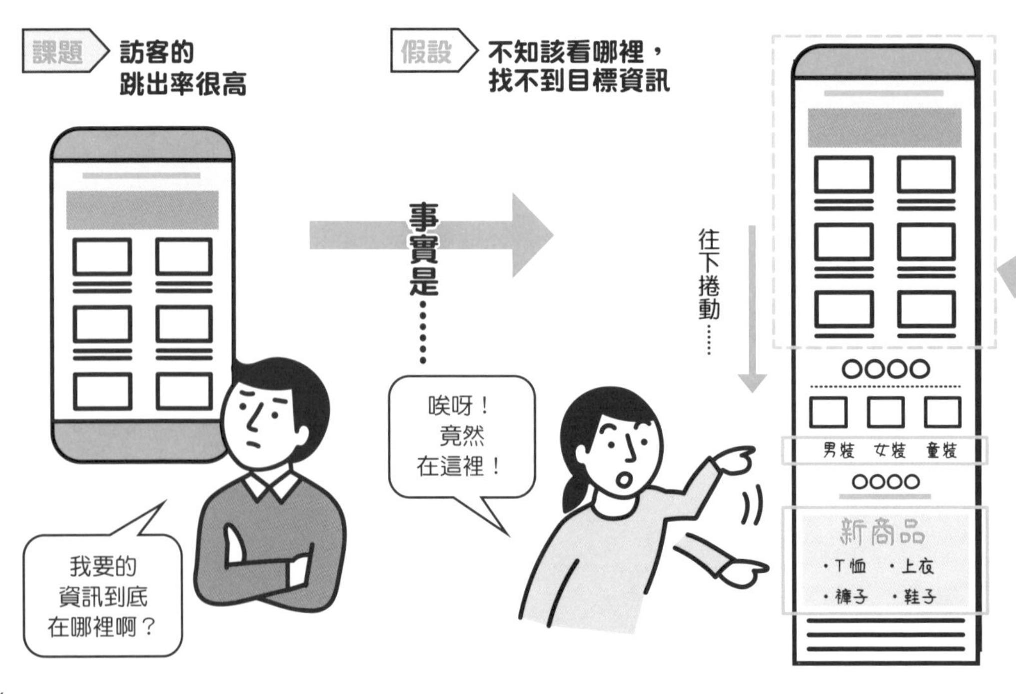

而此時為了釐清問題點所採用的，是一種叫做**熱圖分析**的手法，這種手法能夠瞭解使用者將視線移到了網站的哪些部分。透過此手法，他們發現消費者特別想知道的是商品的規格資訊，但這些重要資訊卻位在頁面下端，必須捲動手機畫面才看得到，很多消費者根本都還沒看到那麼遠，就直接離開該頁面了。於是他們決定改將規格資訊配置在畫面上端，好在頁面一開始顯示時就讓人注意到。另外為了避免手機的縱長畫面令人感覺到壓力，又再多配置了從頁面頂端移動至底部的按鈕，試圖改善 UX。結果，不僅跳出率降低 4%，由於可視性也提高了，故停留在此頁面的時間縮短了 18 秒。可見消費者在短時間內就能找到其所需資訊。

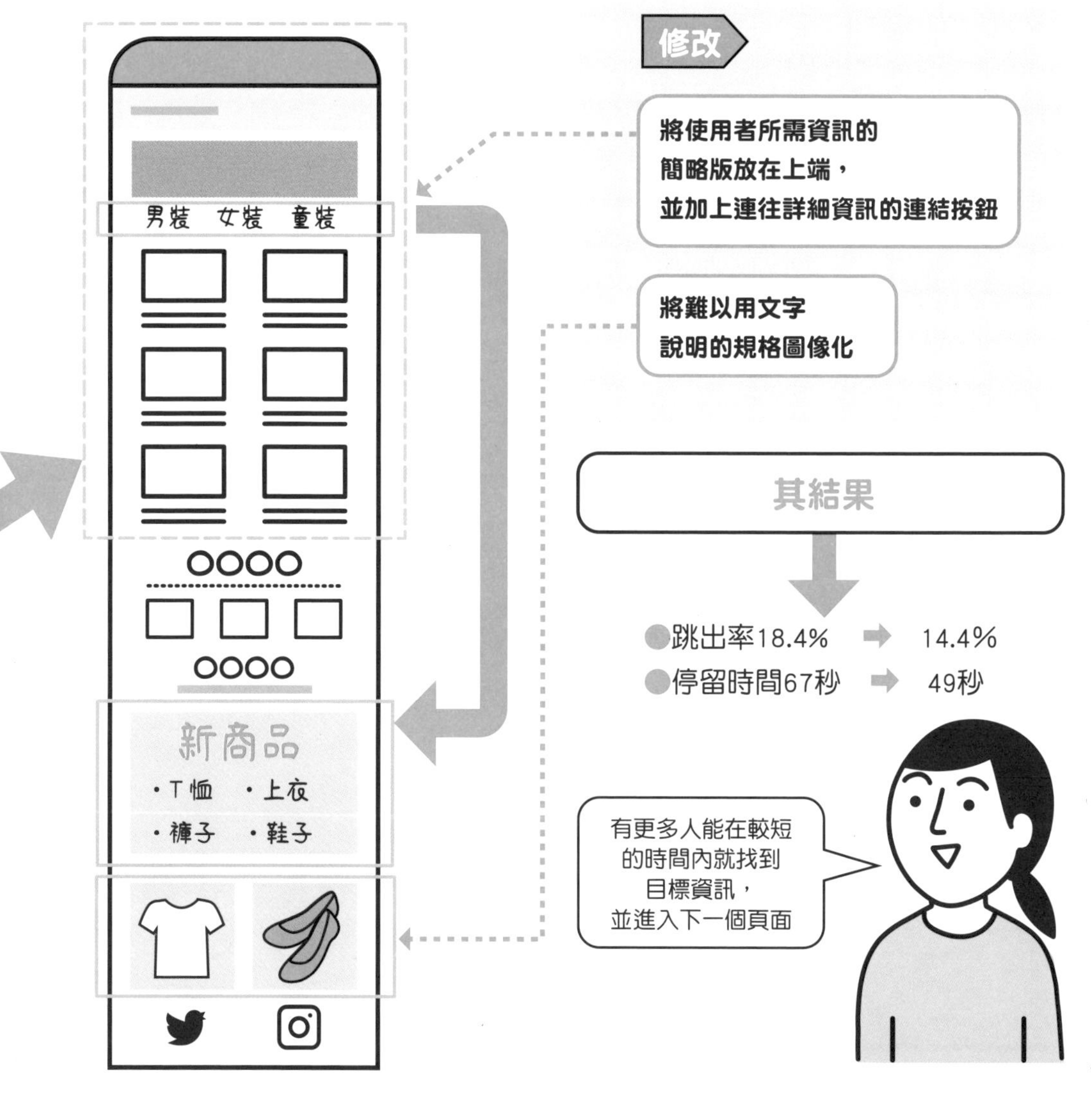

成功讓CVR激增的UI/UX改善案例 ②CrowdWorks

CrowdWorks 專門媒合想要外包的企業與想要接案的使用者。為了提升媒合率，他們考慮改變智慧型手機畫面上的介面。而藉由在員工之間**共享課題**的方式，他們成功想出了解決方案。

CrowdWorks 是個媒合平台，專門媒合企業所委託的外包案件和在尋找案件的使用者。但儘管求人與求事的數量都很多，該平台仍一度無法達成令人滿意的媒合率。於是為了針對顯示求人資訊的卡片改善其 UI，他們首先訪問了求事的使用者，因為他們認為讓使用者遲遲不願採取行動的原因，肯定就藏在某處。然而目的不明的訪談不太可能找出問題所在，所以他們向使用者展示以不同模式顯示資訊的卡片，藉此確認應徵工作時必不可少的資訊有哪些。

透過訪問使用者來修正問題點

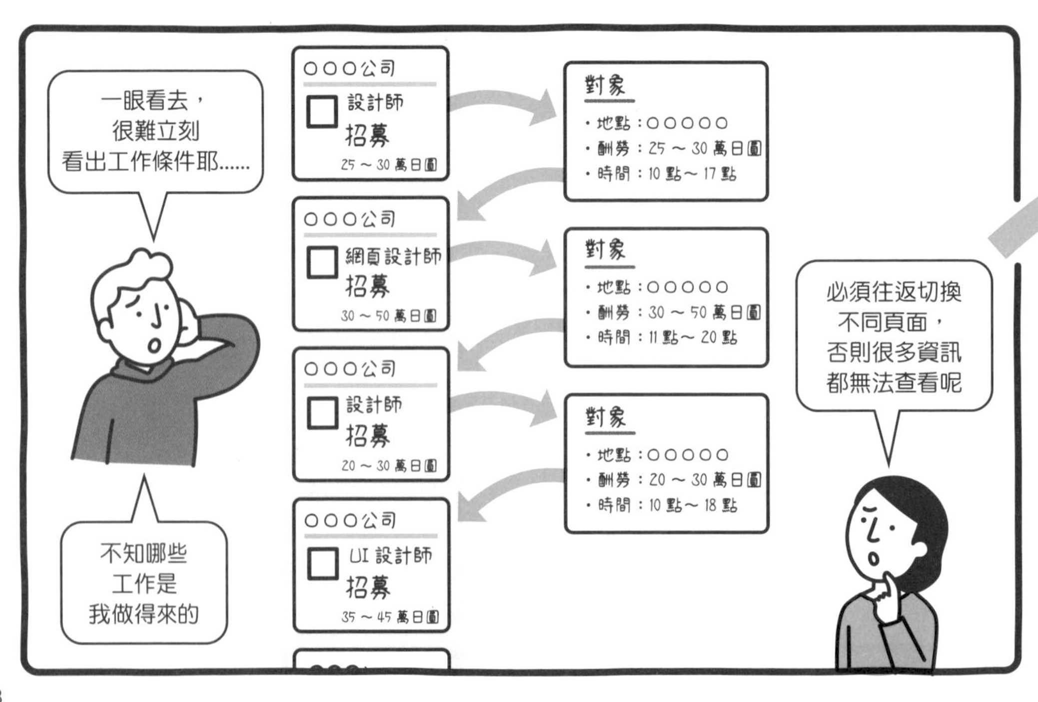

這次的訪問讓他們瞭解到，使用者是以哪些關鍵基準來判斷一個案子到底適不適合自己。而以往顯示在該網站上的卡片，都沒有列出那些關鍵資訊。使用者必須點按卡片進入另一畫面才能看見所有的詳細資訊，接著又必須再回到顯示卡片的畫面才能查看別的案子，一來一往十分麻煩。於是他們確定，問題就出在無法有效率地查閱資訊。接著便先讓員工們觀看這些訪談影片，於實際理解使用者的需求後，再修正卡片的 UI。最後，他們獲得了極為顯著的成果，成功將使用者的應徵率提高了 17.5%。

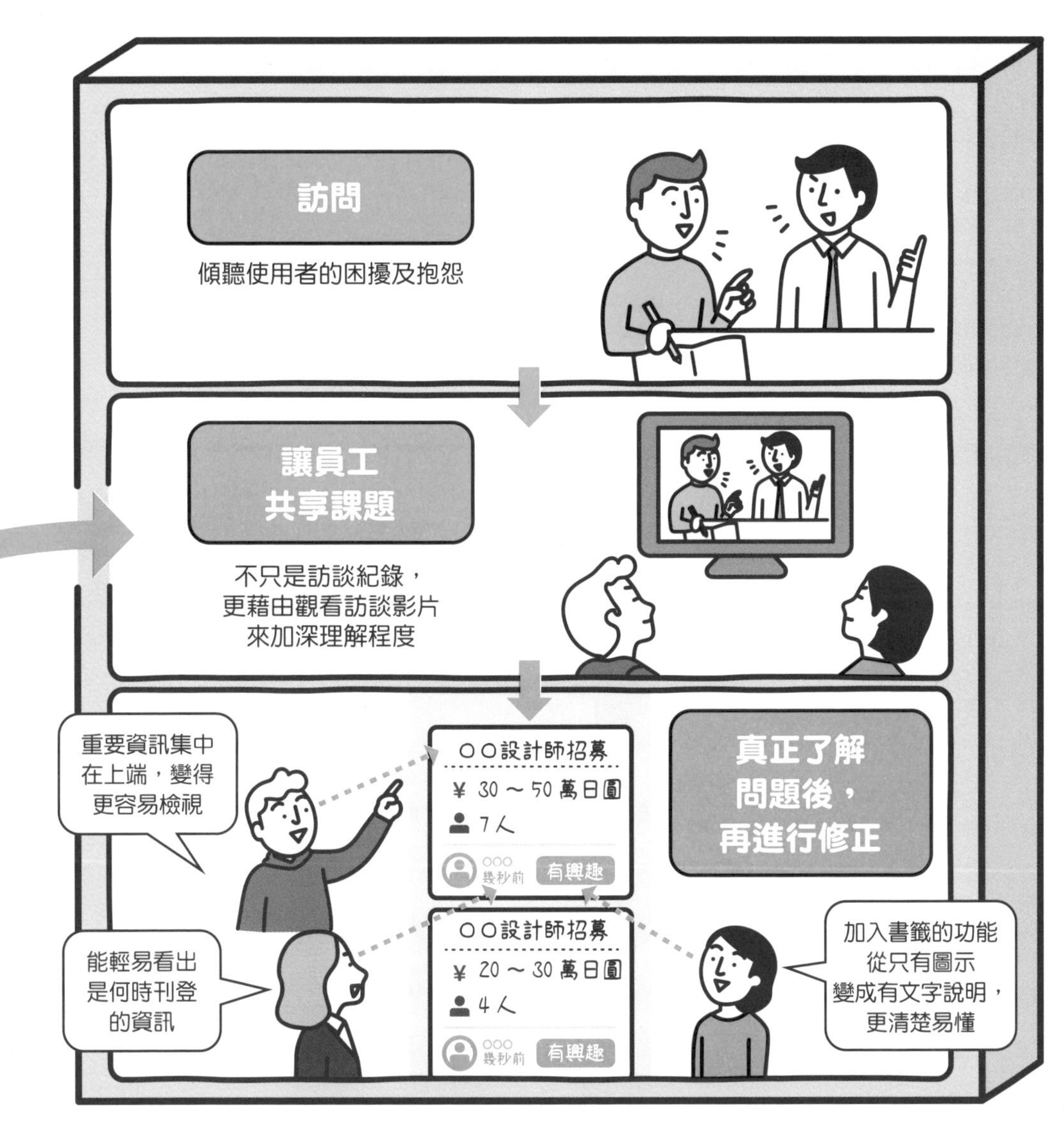

讓人一買再買！爭取回頭客的措施

曾在貴公司網站上購買商品的消費者，日後未必會回來並再次購買。為了獲得回頭客群，就必須替網站上的購物行為增添某些附加價值，以製造再次訪問網站的動機。

假設做了數位行銷後，在廣告的影響下，新使用者的拜訪率成功提升。然而這只是一時的現象，通常一旦熱度消退，來訪的使用者人數便會降至原本的水準。這就是行銷時過度著重於吸引顧客的結果。若是希望銷量穩定向上，就得要把新使用者培養成**回頭客**才行。但很多企業都缺乏這方面的行動。

關鍵就在於能否提供讓人想再次訪問的好處

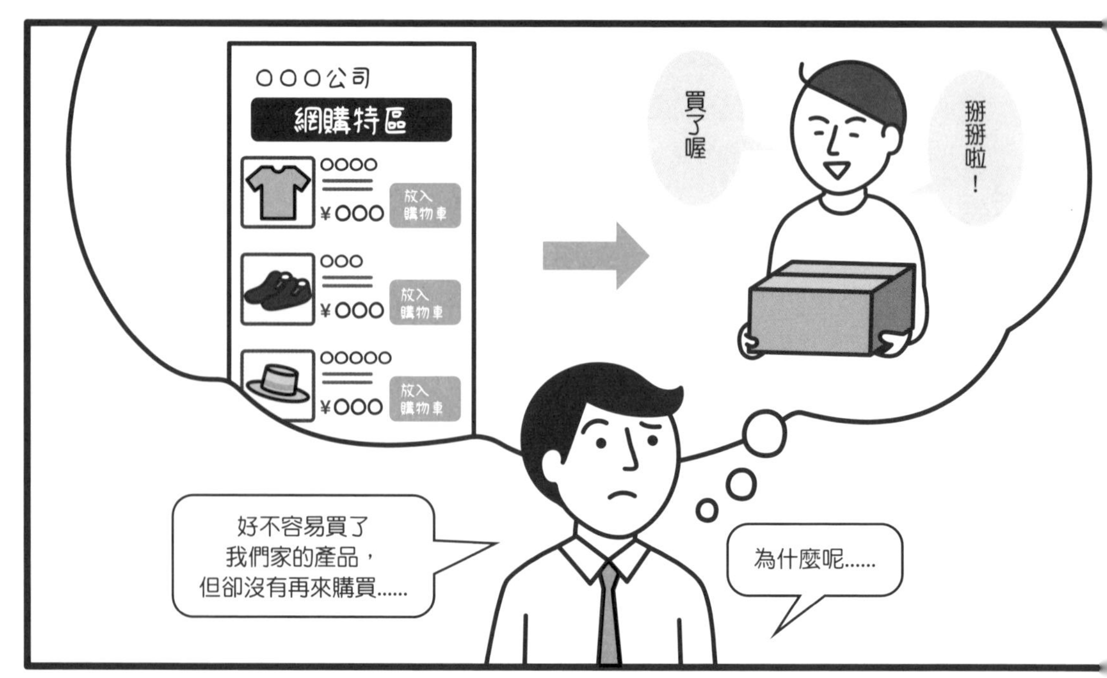

對此，首先該檢討的是這 3 點：①網站上的資訊是否經常更新？②內容結構是否易於查看也容易購買？③是否有針對在此網站上的購物行為提供任何好處？第一是要更新新商品的資訊，以及定期更新與固定商品有關的附加資訊等，必須經常提供新話題、新情報等「娛樂」。接著，也必須檢討、評估 UI，確認消費者前一次購買時是否有感覺到「購物上的困難」。然後還要設置不輸 **Amazon** 或**樂天市場**等大型電子商城的附加價值，像是依據購物金額贈與點數、針對回頭客的優待活動等。另外，定期寄送電子報以免被已註冊的會員遺忘等，也都能**提升再訪率**。

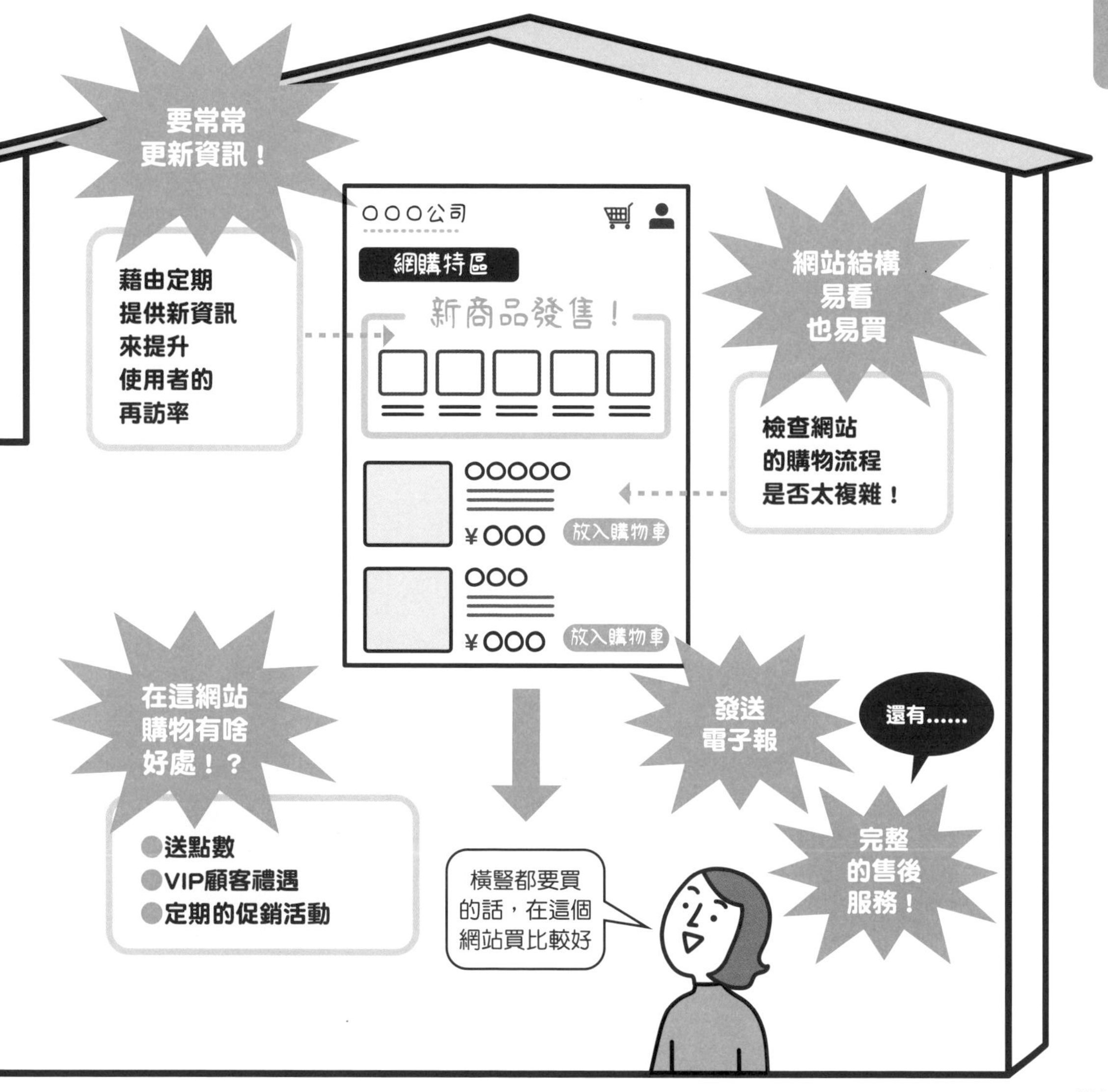

值得記住的數位行銷用語集④

1. CVR（轉換率）（P114）

為「Conversion Rate」的縮寫，即「轉換率」之意，在行銷上指顧客的轉換率。CVR 偏低時，就表示有各式各樣需改進的點。例如網站所設定的目標使用者是否合適？所瀏覽的頁面是否已最佳化？進行購買或提出申請的表單有無問題？ ...... 等等。

2. 登陸頁面（P118）

英文為「Landing Page」，其中的 Landing 是「登陸、降落」之意。亦即訪客因對商品有興趣，而透過搜尋引擎或其他網站的連結來訪時，首先抵達（登陸）的頁面。以企業來說，這就相當於公司的綜合簡介之類的頁面，也被稱做集客頁面。在實行數位行銷時，必須制定能增加登陸頁面訪問數的策略。故基於此理由，登陸頁面有時也代表了專門用來引導訪客行動的頁面。無論是登陸還是用於引導，總之都是對行銷而言非常重要的頁面。

3. OS（P120）

為「Operating System」的縮寫，是指最基礎的軟體。亦即為了有效率地運用整個電腦而集合各種程序與方法的基本程式。在個人電腦方面，最具代表性的 OS 就是美國微軟公司的 Windows，以及 Apple 公司的 macOS。而在智慧型手機方面，則以 google 公司的 Android 和 Apple 公司的 iOS 最具代表性。

4. 臉部辨識系統（P123）

是一種利用了人體的安全系統。就如其名，此系統會比對人臉與所登錄的臉是否相同。不需接觸、不具約束性，對使用者來說負擔小，也不需使用專門的裝置，可有效避免非法盜用問題。目前被廣泛應用於出入境管理、企業的進出管理、電腦的安全性管理等各種情境。而在行銷上，此系統對所有來店訪客等的資料分析很有幫助。以往的 POS 系統只能取得購買者的資料，但運用臉部辨識系統便能瞭解性別及年齡分佈等資料，由於這樣的應用也有助於取得非購買者的資訊，因此正受到矚目。

5. 結尾文案（P125）

經過登陸頁面（詳見上述第 2 項）的開頭（首要文案）、廣告內文後才到達的最重要文案，為商務洽談之最後階段。在網路上，瀏覽了公司網站的使用者就算因開頭的首要文案而產生興趣，並於進一步閱讀廣告內文後增加了購買意願，但若結尾文案寫得很爛，仍有可能無法達成購買或提出申請等動作，最後以失敗告終。這種時候，就必須以重新設定價格或是加強商品及服務的保障等方式來說服使用者。

6. 外包（P128）

英文為「Outsourcing」，又稱「委外」。就是指企業將其部分業務委託給外部的另一公司或個人處理。應將公司資源集中於核心競爭力以降低成本的想法，於 1980 年代起普及於全美各地，而在日本，將會計、總務、人事等業務委外的企業，從 1990 年代起也逐漸增多。現在甚至有些企業連行銷部門的工作也都以外包方式處理，可見其應用範圍正不斷增大。

7. 回頭客（P130）

英文為 Repeater，即重複相同行為的人，例如多次去同一家店或同一活動、特定目的地、觀光地等的人。在行銷上，這是指重複購買的使用者，或者一再來訪商店或網站的使用者。增加回頭客具有與開發新顧客同等程度的重要性，而其手法包括了贈與可於下次使用的優惠票券，或是發行集點卡等。在數位行銷方面，則必須於掌握顧客資訊後，藉由提供電子報等方式，於持續適當維繫顧客的同時，想辦法讓顧客願意繼續不斷地來訪網站。

8. Amazon（P131）

是指由美國 Amazon（亞馬遜）公司在網路上經營的購物網站（電子商務網站），或該服務。Amazon 原本是從販售書籍開始，不過現在什麼都賣，從 CD、DVD、電子產品、服飾、食品飲料，到汽車和摩托車 ...... 等等，種類繁多。而在日本則有亞馬遜日本合同會社（Amazon 的日本子公司），且已成為日本的大型電子商務公司之一。

9. 樂天市場（P131）

由在網路上提供服務的日本 IT 企業之一的樂天集團株式會社所經營，且在台灣有子公司。樂天集團株式會社除了開發出網路購物商城「樂天市場」外，更進一步發展出證券業務及信用卡業務、綜合旅遊網站等，跨多業種擴展事業版圖。此外還經營日本職業足球聯賽及職業棒球的球隊，已是知名度非常高的企業。

Chapter 5

更具成效的數據資料活用法

就最新的數位行銷而言，
活用大數據已是必要條件。
用於和顧客維持良好關係的
CRM（Customer Relationship Management，
顧客關係管理）
也可算是運用這種大數據
的工具之一。

01 活用IoT的數據資料可提升顧客體驗價值

中文稱為物聯網的「IoT」，透過將獨立的「物」連結至網路與裝置，為我們的生活帶來了戲劇性的變化。那麼，它在商業領域中造成了什麼樣的影響呢？

網路與各種裝置的普及，再加上科技的發達，讓人們的生活起了變化。這就是所謂的 **IoT**，亦即「**物聯網**」。過去和裝置及網路等扯不上關係的各種物品，都開始和數位行銷連在一起。而感測器資料的運用便是其中之一。除了已廣為人知的臉部辨識系統外，也有人開始嘗試藉由語音資料來具體掌握人類的心理狀態。此外還有所謂的智慧藥丸（Smart Pill），也就是將感測器嵌入至藥錠中，以進行是否有通過喉嚨等的各種檢查。

連接網路的裝置是商業資訊之海

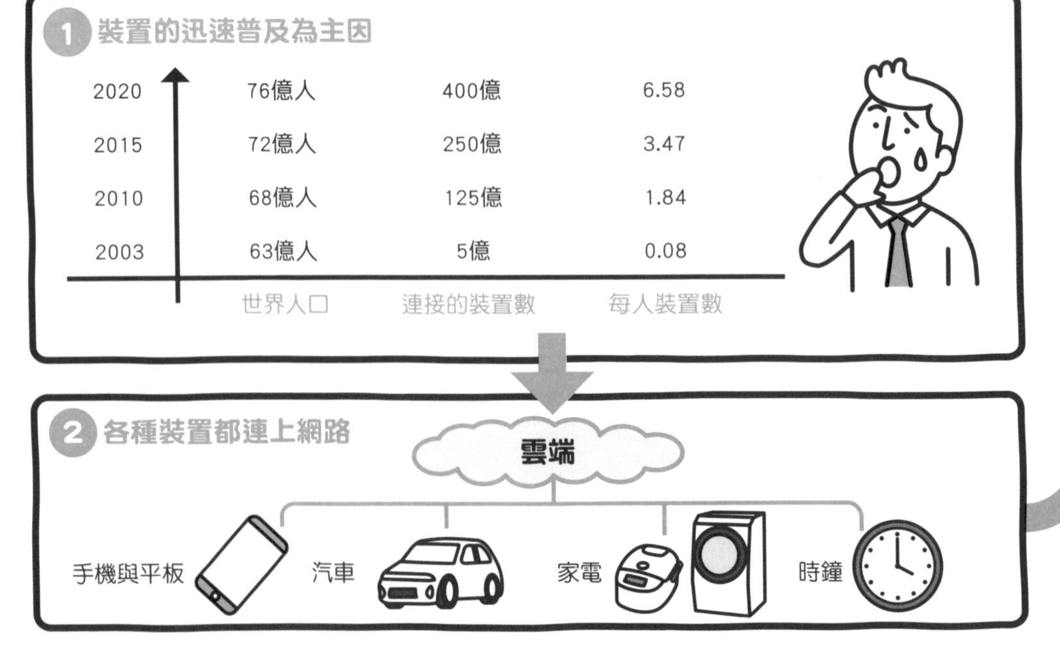

無人投幣式洗衣店可算是與商業直接相關的一個例子。藉由將洗衣機和烘衣機連上網路，便能夠分析如使用時段及各台機器的使用頻率等以往不可能取得的詳細數據，讓提升顧客滿意度與使用頻率成為可能。截至 2020 年為止，連上網路的裝置已接近 400 億個，若除以全世界人口數，就相當於平均每人擁有 5.26 個裝置。將來，感測器等連網裝置的數量估計將超過 1 兆，此外也已有報告預估，全世界 IoT 與非 IoT 的資料總量，將從 2016 年的 16 兆 GB 一路成長，並於 2025 年達到 163 兆 GB。這樣的 IoT，被認為是今後在商業發展上不可忽視的一個重要領域。

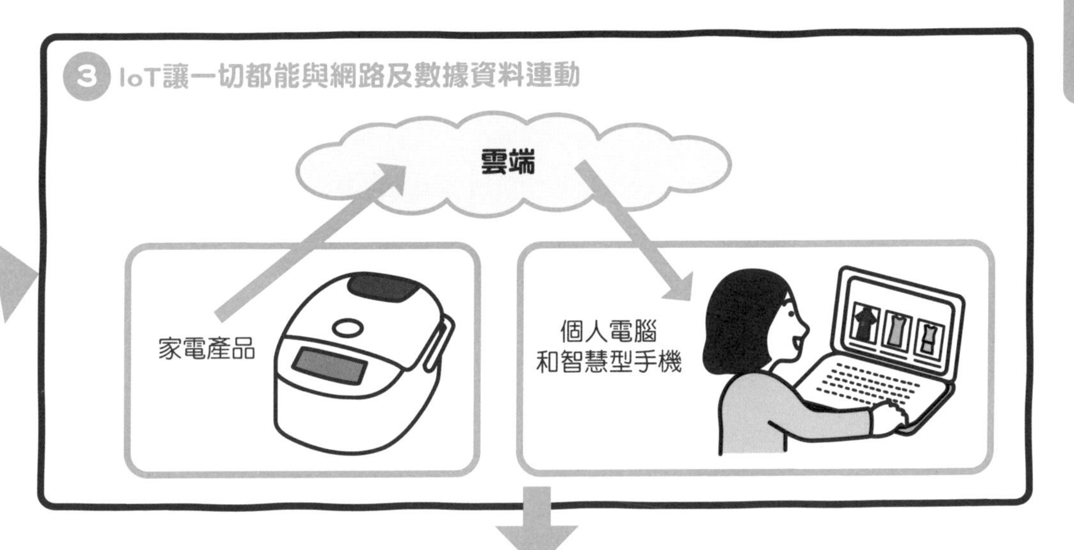

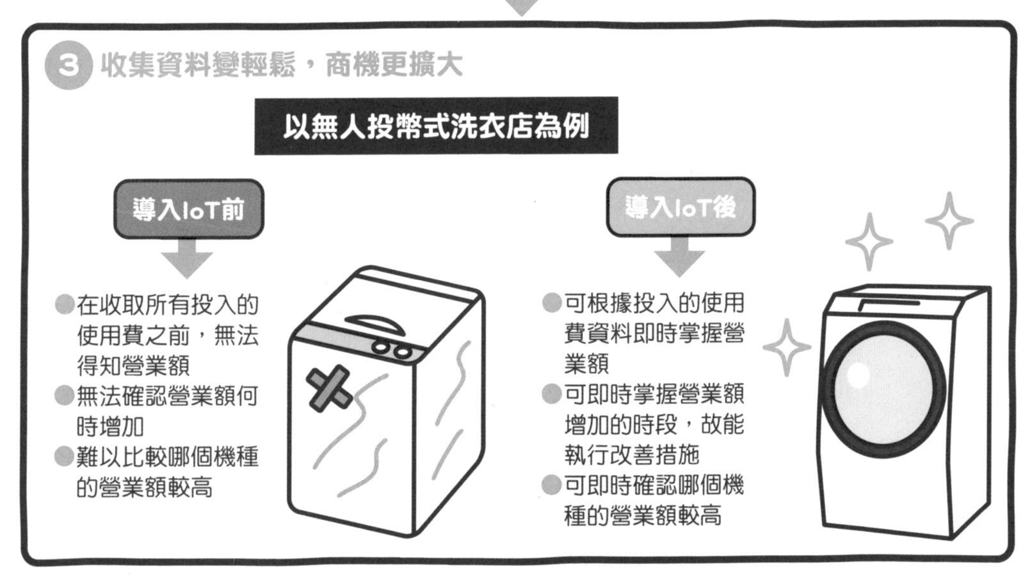

02 IoT的數據資料活用案例 工程機械大廠—小松製作所

小松製作所的 ICT 工程機械有效利用 IoT 數據，改變了全球的工程機械常識。其最先進的機械設備 PC200i，在支援中心的指導下，能讓新手操作員達成有如老手般的作業水準，是活用 IoT 數據資料的一個成功案例。

在日本的企業中，於 IoT 領域取得了最大成果的，就是為工程機械大廠的小松製作所。小松製作所創建了名為 KOMTRAX 的系統，將遍佈於世界各地之工程機械當中的 40 萬台以網路連接起來，好進行持續監控及遠距操作。以運用了 GPS 的獨特技術分別監控每一台機械，可於發生機械失竊或失控等問題時，即時關閉引擎，建立出了高度的安全性與可信賴度。但小松製作所的開發行動並沒有就此結束。基於活用由 IoT 取得之數據資料來創造自身業務優勢的原則，他們追求更高的目標。

能夠隨心所欲地掌控設備的 KOMTRAX 系統

有效運用了IoT的小松製作所

小松製作所最先進的 **ICT** 工程機械 PC200i，可由支援中心從遠端指導新手操作員，在短時間內正確執行原本需要好幾年經驗才能完成的作業。這有如奇蹟一般的系統，彌補了資深操作員不足的問題，讓新人和坐辦公桌的女性職員都能執行工程機械作業，其實現可是讓小松製作所花費了 15 年以上的時間，以及每年超過 100 億日圓的投資。此外，讓 KOMTRAX 再進一步進化的最新系統 KomConnect 也已投入實際應用。該系統是利用無人機於工地現場取得三度空間的測量數據，然後藉由讀入這些數據資料，來幫助建立工作計畫及施工模擬等。真可說是持續提升資料活用水準的絕佳案例。

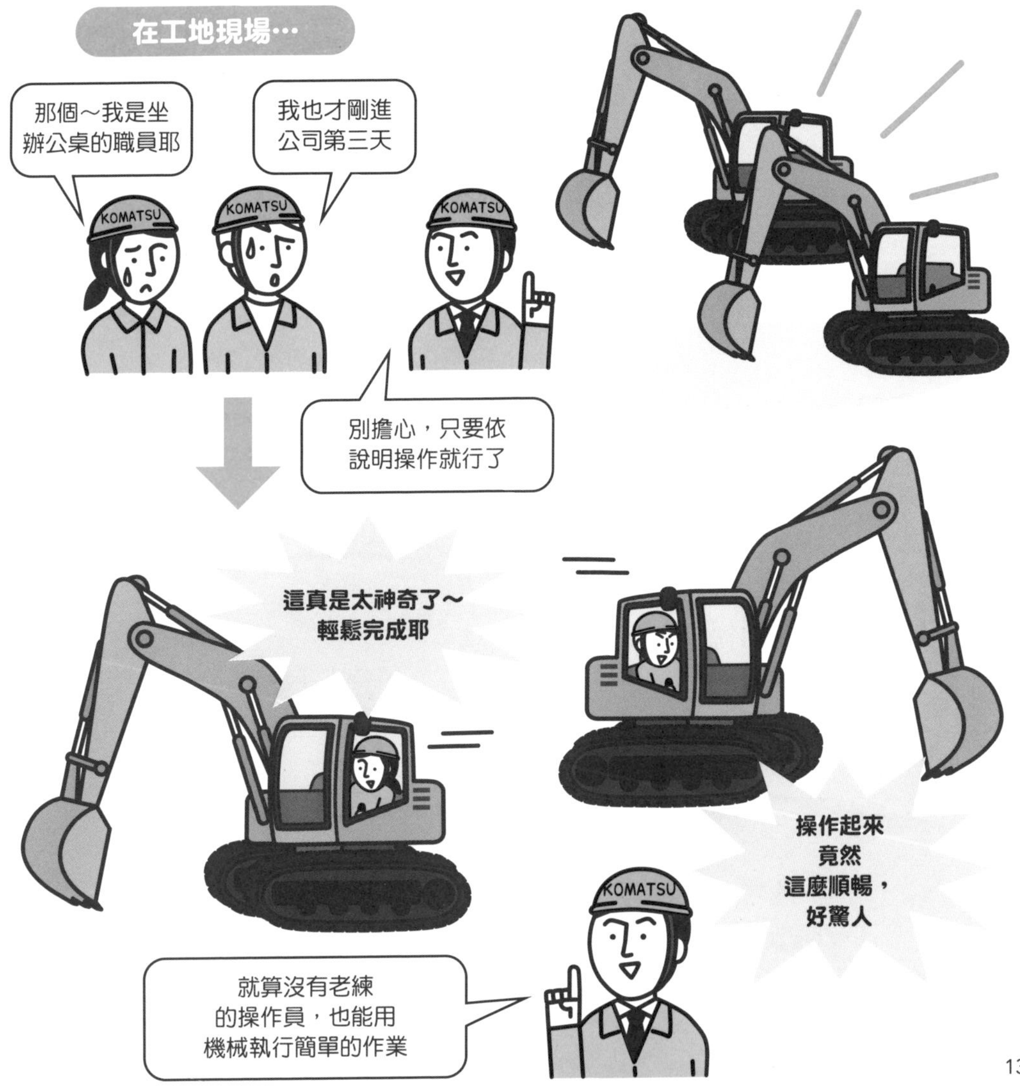

03 理解大數據並將之用於行銷

大數據是由 4V（資料量 =Volume、速度 =Velocity、多樣性 =Variety、真實性 =Veracity）所組成。而有效活用龐大的數據資料，是數位行銷成功的條件之一。

有一種龐大的數據資料群被稱為大數據，這指的是一般資料處理系統所難以應付的複雜且巨量的資料。不過除此之外，大數據也還有一些其他的定義。由代表資料量的 Volume、代表資訊新鮮度的速度 Velocity（即時資訊與串流傳輸等）、代表多樣性的 Variety（不僅限於文字，也包含語音及影片等非結構化資料），以及代表真實性的 Veracity 這 **4 個 V** 所構成，於排除資料的矛盾與不確定性、歧義等之後而得以成立。

使資料發揮價值的活用要點

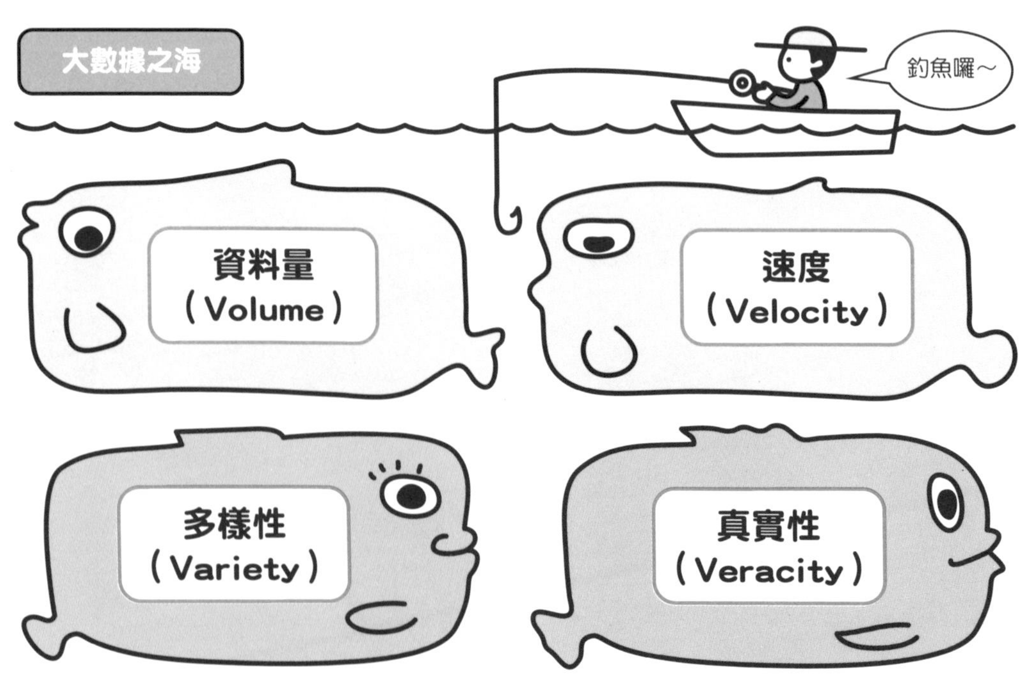

一開始該思考的，是其運用目的。再怎麼大量又優秀的資料，若是無法運用，就毫無意義。因此首先要釐清目前的行銷課題為何？是否需要用到大數據？接著便要建構大數據，從收集以 4V 為基礎的資料開始。這時若能依據運用目的來選擇應優先收集的資料，會比較有效率。最後則是決定分析方法，而分析方法有 3 種。交叉分析是限定於 2 ～ 3 項特定資料的分析方法，常用於問卷等的分析。關聯分析則是從乍看毫無關聯的多項資料中找出共現性（Co-occurrence）的方法。而最後的聚類分析，是更精細地分類目標對象以導出高度相關性的一種方法。請務必依據運用目的，分別使用合適的分析方法。

大數據的活用案例①壽司郎

運用 10 億筆以上的大數據來檢視營運現場的狀況與問題，藉此迅速提升服務、降低成本、設計菜單及開發新商品等，成功增加收益，壽司郎的這一明智抉擇使之穩坐業界第一。

自 2011 年起，便在日本的迴轉壽司連鎖店業界持續保有 No.1 地位的，就是經營「壽司郎」的株式會社 Akindo Sushiro（Sushiro 即壽司郎，以下皆簡稱壽司郎）。以「美味壽司，肚子飽飽。美味壽司，幸福滿滿。」為企業理念的壽司郎，很早就注意到顧客資訊的重要性。他們把 **IC 標籤**貼在每一個盤子上，將哪種壽司於何時在哪家店被放上迴轉台、何時被吃掉或廢棄，還有各桌客人的點單資料等都收集起來，每年累積出 10 億筆以上的資料，然後以這些資料預測 1 分鐘後與 15 分鐘後的需求，並據此控制放上迴轉台的壽司種類及數量。

讓預測需求和削減成本成為可能

採用QlikView

而為了更有效活用這些大數據，他們採用了 QlikView。引進該系統的目的是要改善門市的管理和營運，並幫助開發新商品，不過其最大的問題在於如何融入對現場狀況的感受。因為若能讓所有分店共享營運現場的經驗與直覺，就有機會讓資深店長的專業知識充分發揮作用。此外，頻繁變更菜單等所導致的暢銷品廢棄問題也是一大困擾，這部分他們也試圖透過大數據的運用來解決。還有在新商品的開發方面，大數據也發揮了重大作用。由於商品開發人員變得能夠自行分析過去的促銷資料和試賣資料等，故使得開發效率大幅提升。其他像是在更改菜單時，運用數據資料來決定哪些品項該刪除、哪些又該留下等，大數據在各種層面都對增加收益做出了貢獻。

大數據的活用案例② DyDo DRINCO

日本飲料製造商 DyDo DRINCO 以其獨特的著眼點，將眼動追蹤裝置設置於自家所有的自動販賣機，然後藉由分析所收集到的大數據，推翻了一直以來被視為商品陳列常識的「Z 法則」，成功大幅提升營收。

對日本的飲料製造商 DyDo DRINCO 來說，自動販賣機的銷售額佔了其收益的很大比例。以往自動販賣機的銷售資料，就只有公司透過消費者問卷調查等方式取得的資訊而已，在商品的陳列方面，也就只是遵循著已成為業界定論的「Z 法則」。亦即業界大多認為，使用者在瀏覽陳列出來的商品時有個不變的傾向，通常視線都會從左上移動至右上，接著移往左下，最後往右結束於右下，整體動線就像是英文字母的「Z」一般。換言之，大家都以為把最暢銷的產品放在為人們視線起點的左上處，就能帶來穩定的銷量。

挑戰常識是通往成功之路

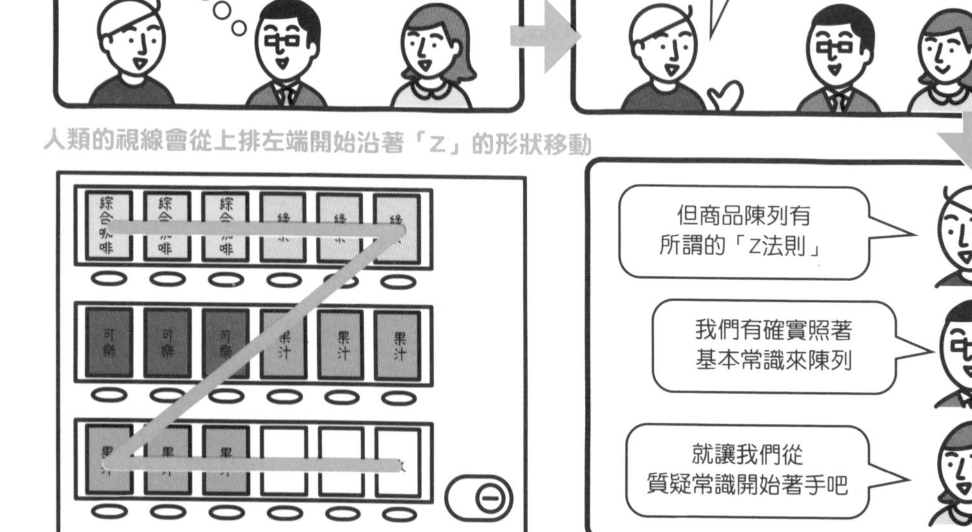

不過 DyDo DRINCO 決定運用大數據，他們在自家公司的所有自動販賣機上都安裝**眼動追蹤**（Eye Tracking）裝置，藉此收集使用者的購買資料。此舉讓他們有了出乎意料的發現。自動販賣機使用者第一個看的其實是左下的商品而非左上這一分析結果，顛覆了傳統的 Z 法則。於是 DyDo DRINCO 選擇相信大數據的準確性，改變了所有自動販賣機的商品陳列方式。他們把賣得最好的「綜合咖啡系列」從左上移到了左下，結果自動販賣機的收益竟成長為前一年的 1.2 倍。雖然無法確定收益成長的理由為何，但至少就自動販賣機而言，Z 法則並不適用。是重視數據資料甚於既有定論的態度，讓他們獲得了成功。

大數據的活用案例③ 城崎溫泉

城崎溫泉藉由發行數位外湯券，從其使用紀錄來收集觀光客的大數據，再以基於數據的迅速決策，實現更細緻周到的服務及活動，大幅度提升了收益與形象，散發出更驚人的魅力。

城崎溫泉發行了一種可用手機替代錢包付費的**數位外湯券**「YUMEPA」（譯註：外湯即溫泉地區中不屬於特定旅館、飯店等的公共溫泉）。這個「YUMEPA」也能在土產店等處使用，深受觀光客好評。而同時，它也發揮了對城崎溫泉來說非常重要的作用。亦即透過分析「YUMEPA」的使用紀錄，讓他們能夠對觀光客的行動進行量化分析。從觀光客的組合（親子、情侶等）到受歡迎的外湯、觀光客較多的時段，到正在遊覽的觀光客人數等，只要以量化的方式掌握這些資訊，就能做為大數據來加以活用。

找出使用者的需求是關鍵的第一步

城崎溫泉是為了什麼目的而利用大數據呢？首先是為了精準掌握觀光客的需求，並加快滿足這些需求的決策速度。畢竟伴隨有客觀數字的改善措施比較有說服力。結果他們運用資料，成功改善了對觀光客的服務品質，此外也實行了更有效的措施、嘗試了新的宣傳活動等，以各種形式活用大數據。甚至還因此得知，比起如煙火之類需駐足觀賞的活動，可以邊走邊看的水燈更能增加商店的銷售。這可說是個帶著明確目標進行資料運用，最終獲得了良好結果的理想活用案例。

07 用於與顧客保持良好關係的 CRM（顧客關係管理）

CRM 是基於資料，以視顧客需求為最重大指標的「顧客至上」原則來制定商業策略。其目的是要藉由集中管理顧客資料的方式，與顧客建立良好關係，並培養出更優良的顧客。

若是沒有來買商品的顧客，生意就無法成立。依據此原則，為了管理與顧客之間的關係而誕生的管理方法，就是所謂的 **CRM**（Customer Relationship Management，顧客關係管理）。亦即將顧客定位為業務的最重點，並以其需求為指標，著重於精準掌握顧客需求。而使這些成為可能的，正是被稱做 CRM 工具的 IT 工具。透過以 IT 達成顧客資訊的累積及管理，還有分析資訊的視覺化等，便能夠促進以顧客為中心的業務發展。

不只是 CRM 工具， 體貼顧客的心意也很重要

CRM 可分為顧客資料庫管理、用於接觸顧客的宣傳與推銷功能，以及報告功能。而除了量化資訊外，也管理如企業和業務負責者的名稱等資料，還有購買目的和意向性、需求等顧客屬性，以及實際購買紀錄、預算、下期預測與發展空間等資訊，以培養出優良顧客為最終目的。至於 CRM 的好處，包括集中管理顧客資料好讓各部門共享並進而提升資料的價值、以對顧客迅速且適切的接觸與維繫來提升滿意度、PDCA 循環的執行與改善等。而缺點則包括要建構統一集中的顧客資料很困難、會產生導入成本和運用成本 、需要花一段時間才能夠穩定運作等。

08 以CRM培養忠實顧客

對於特定公司，不管發生什麼事都很愛該公司，並會持續購買其商品的顧客，就是所謂的「忠實顧客」。而將現有的顧客培養成忠實顧客，便能夠穩固企業的根基。就讓我們妥善運用 CRM 來獲取這樣的公司至寶吧。

忠實顧客是指對特定的企業或公司、服務等忠誠度很高的顧客。這些顧客不會選擇同業的其他公司，總是只選擇該特定公司，故可帶來穩定的收益。擁有眾多忠實顧客的企業，就是擁有很多鍾愛該公司的粉絲的企業，忠實顧客對企業來說，就是有如金銀珠寶一般的寶物。而能夠發掘增加忠實顧客的重大意義，並且能夠幫助獲取忠實顧客的有力夥伴，就是 CRM。

忠實顧客的數量是企業成長的指標

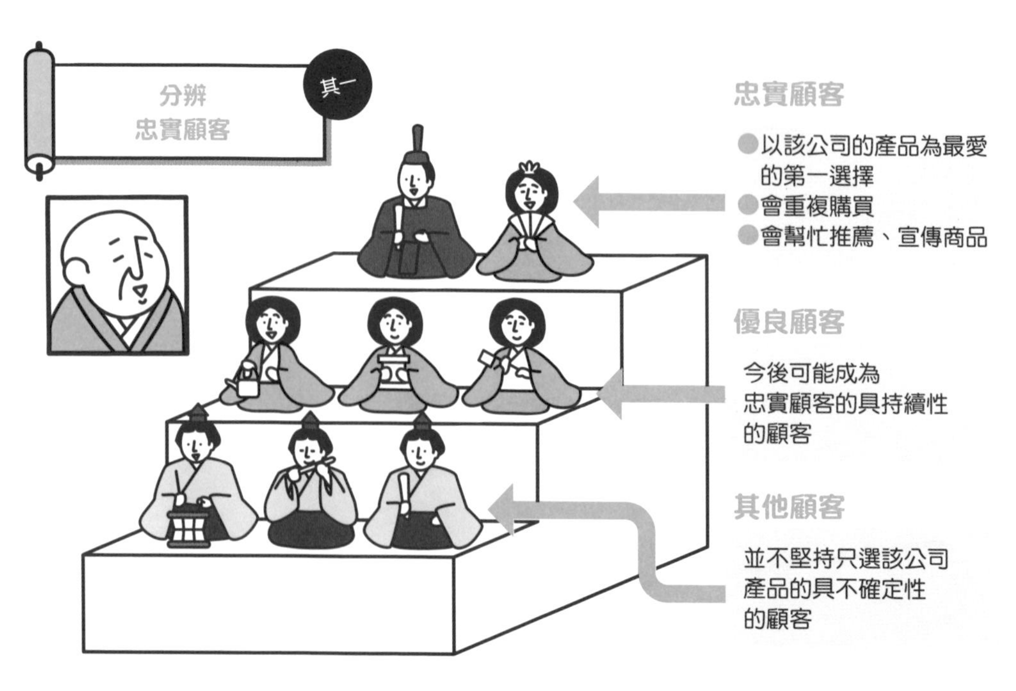

要培養忠實顧客，首先要將現有的顧客圈住，阻止他們離開。然後還要與顧客建立長期關係，好讓他們發展成對公司及門市等有感情的忠實顧客。或許有些人會覺得「不是應該要把力氣花在取得新顧客才對嗎？」其實爭取新顧客所能得到的成果不僅不穩定，又必須付出不少成本。而且在推出新商品及新服務時，若是無法預期有一定程度的銷量，便有可能出現巨大虧損。從這個角度看來，忠實顧客的培養具有從現有顧客發展而來的確定性，又不需花費太多成本。再加上一旦培養成功，也能在新商品的購買上發揮作用，故有助於降低企業的風險。因此要說忠實顧客是足以左右企業命運的寶貴資產，可真是一點兒也不為過。

導入CRM的成功案例① 日產汽車

在日本的汽車業界中，很早便將企業方針轉往顧客至上主義的，就是日產汽車。像是讓各個銷售據點共享顧客資訊，藉此迅速提供更細緻周到的服務等，其利用了 CRM 的顧客至上策略獲得了很不錯的成果。

日產汽車（以下簡稱日產）為了能夠更輕鬆地根據顧客的價值觀及生活方式來選擇產品系列，考慮針對銷售據點導入 CRM，結果採用了微軟公司的 Dynamics CRM。此系統是在微軟公司所提供的雲端平台（Windows Azure）上運作，而日產在其所有的銷售據點都設置了這個系統。這些被稱做**次世代經銷商管理系統**（DMS，Dealer Management System），其目的就是要將以往的汽車至上思維切換為顧客至上。

開啟了新時代的日產銷售策略

由各個銷售據點，將來店顧客的年齡等個人屬性，以及購車目的、車款偏好等資訊輸入至系統中。然後次世代經銷商管理系統便會依據這些資訊，自動提出幾個建議選項給顧客。分析了顧客資訊後提出的建議內容抓住了顧客的需求，故在讓顧客滿意的同時，也能提高成交率，實現更高的利潤。此外，顧客不論是到日產的哪個經銷商，都能獲得同樣服務也是其優勢之一。而且從銷售據點收集來的資訊若是持續累積，就會成為有助於分析顧客需求的大數據。這些資料也都將繼續用於客戶至上的新產品開發。

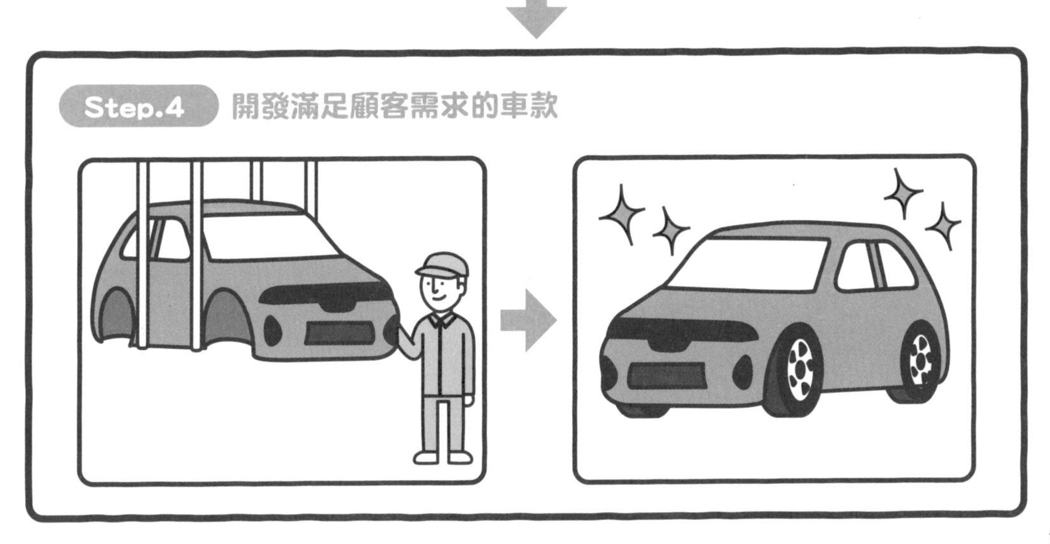

導入CRM的成功案例②
昭和殼牌石油

昭和殼牌石油選擇在短短 3 個月內，將船舶加油服務的接單方式從傳真改為使用 CRM 提供顧客支援，以提升顧客服務滿意度並讓資料輸入更有效率、降低成本等形式，獲得了極佳成果。

不僅在日本國內，更於全球各地發展船舶加油服務的昭和殼牌石油（現為出光興產的獨資子公司），一直以來都是透過傳真及電子郵件，來處理各式各樣的訂單業務與公司內部的確認工作。就連資料的輸入，也是看著紙本單據以手動方式進行，不論在正確性還是速度方面，都無法稱得上是顧客滿意度高的做法。因此，基於改善顧客服務和提升資料輸入效率之觀點，他們認為必須盡快建構出自己的訂購系統，於是決定導入 CRM。他們採用了「Salesforce」與運作於其上的富士通的「GLOVIA OM」，開始建構系統。

贏得了顧客信賴的系統建構

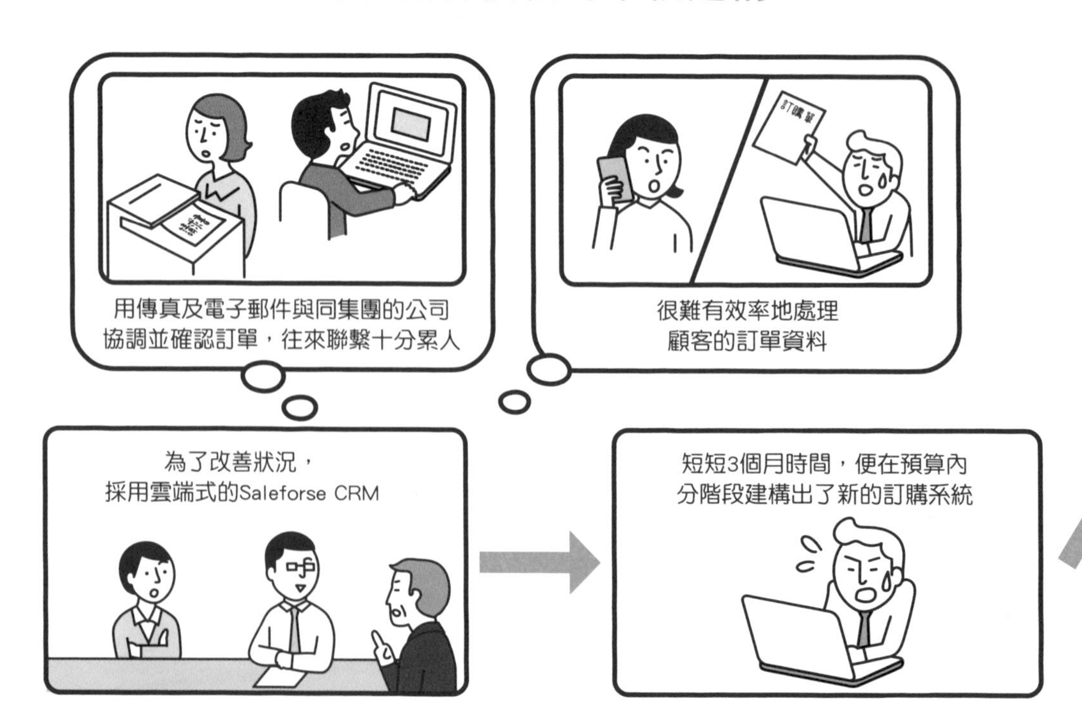

從導入到開始使用，只經過了短短 3 個月的時間。能在既定的預算內完成龐大的資料庫建構，應可歸功於以**雲端**為基礎的 CRM。此外，分為一到三期，採取階段性規劃方式進行的系統建構也發揮了作用。顧客只要到**顧客入口網站**輸入資料，即可完成訂購，且由於能夠互相核對訂單資訊，速度與正確性都明顯增加，於是成功提升了顧客滿意度。在公司內也可跨部門共享顧客資訊，確認變得更順暢，還順帶促進了無紙化。而且電子郵件資料也能透過 CRM 來管理，在各個方面都達到了增進效率的效果。

導入CRM的成功案例③ 網路鞋店HIRAKI

為了增加顧客的回頭率，網路鞋店「HIRAKI」選擇導入 CRM。藉由發送具新意的電子報，以及吸引顧客再次購買的促銷用電子郵件，充分活用集中化的資料，達成了讓銷售額加倍成長的 PDCA 循環改善方案。

擁有傲人市佔率的網路鞋店 HIRAKI 株式會社（以下簡稱 HIRAKI）為了增加現有顧客的回購率，決定導入 CRM。在進行了購買分析後，他們發現有很多顧客會於購買後的兩週內再次購買，於是 HIRAKI 假設顧客們的第一次購買，是一種對以便宜為賣點的 HIRAKI 的鞋子所做的「嘗試」。他們將購買的 4 天後設定為引發回購的時機點，發送**一對一電子郵件**來促使顧客再次購買，結果順利獲得了預期的成果。

實現了「一對一電子郵件」的系統建構過程

此外他們也發送祝賀生日用的電子郵件，並針對似乎將成為靜止顧客的使用者傳送維繫用的電子郵件。而其中最具成效的，是針對在電商網站上曾將商品加入購物車但最後卻沒買的顧客發送的促銷電子郵件。這種電子郵件有效發揮了作用，在出現所謂「遺棄的購物車」（Abandoned Cart）行為的高購買意願潛在顧客背後，用力推了一把。而用來促使顧客打開商品型錄瀏覽的電子郵件也發揮了不錯的效果。從讓打開率連結購買率，到加入電子型錄的連結等，他們下了各式各樣的功夫。

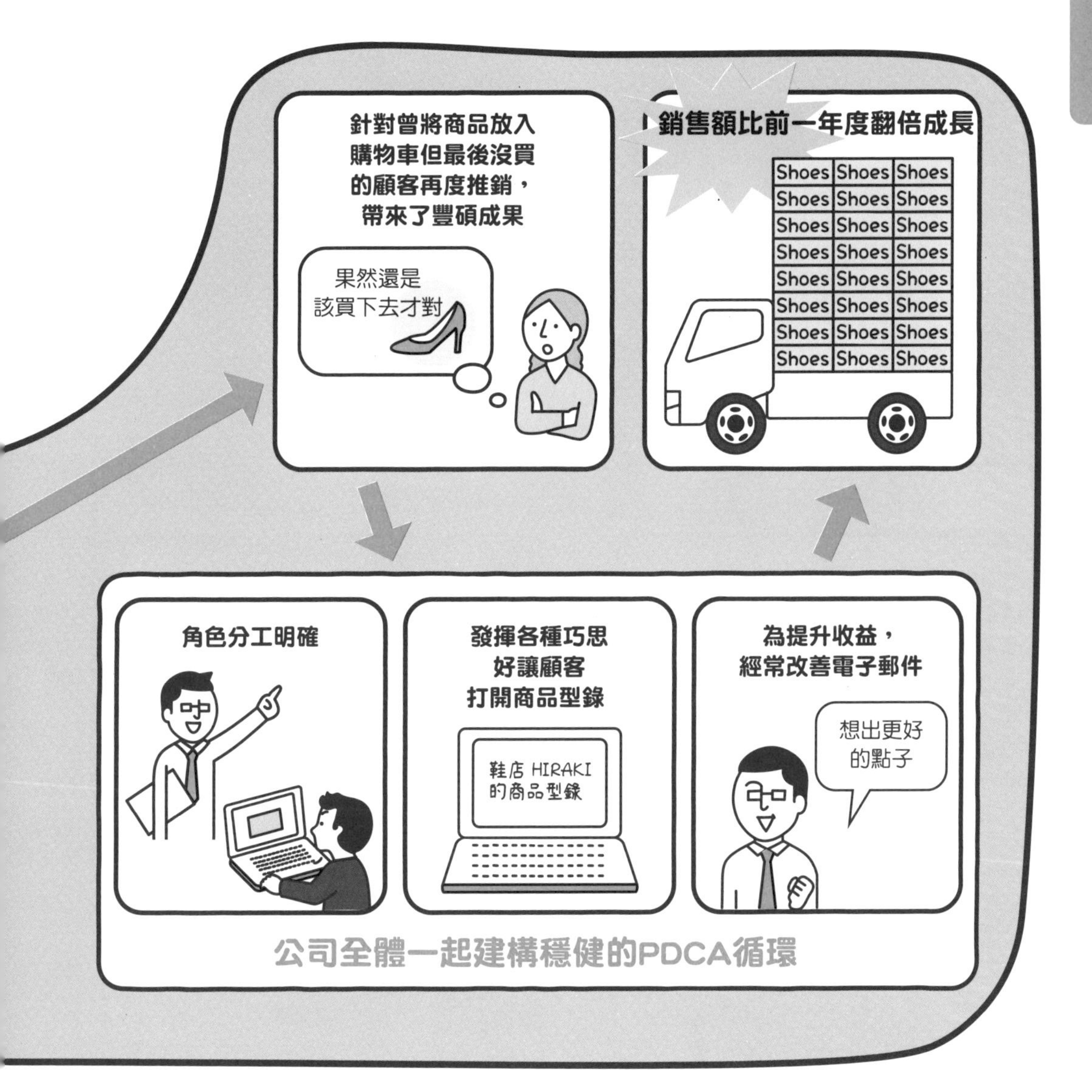

可量化管理所有活動的 MA（行銷自動化）

MA 是取得各個潛在顧客的資料，然後依據每個人的不同需求在合適的數位管道上做行銷。而我們為何需要像這樣根據多樣化的使用者消費行為所進行的新形態行銷活動呢？

所謂的 **MA**（Marketing Automation，行銷自動化），是指一種工具軟體，可集中管理潛在顧客資訊，並自動化、視覺化以網站及電子郵件、社群網路等數位管道為主的行銷活動。行銷就是創造出顧客想要的東西，然後將之提供給顧客以增加收益。所以要精心調查、用心培養有望成為顧客的潛在顧客，並將其資訊傳達給銷售人員，而為了將這一連串的行銷作業自動化，便有了 MA 這種工具。

活用 MA， 更精準貼近顧客需求

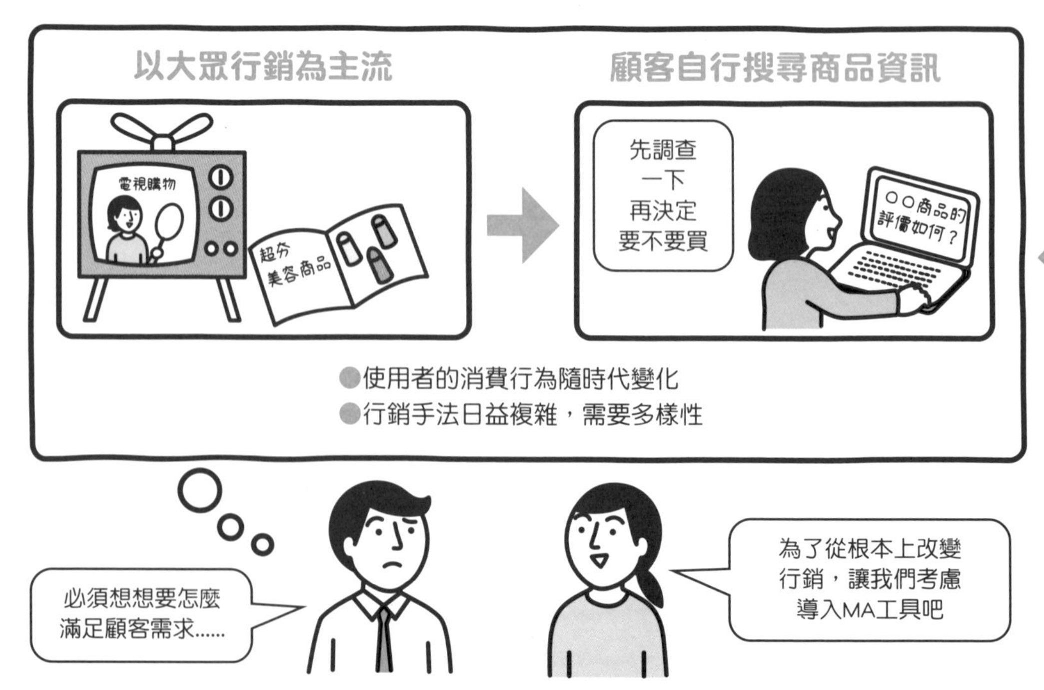

為什麼會需要 MA 呢？這是因為，隨著網路普及等因素，使用者的消費行為不斷地在變化。於是行銷手法也日趨多樣化，甚至變得越來越複雜，以致於必須改變行銷系統本身才能應付這樣的狀況。像是依據網路上收集的顧客資訊，以電子郵件分別寄送各個不同顧客可能有興趣的最新內容，或是寄電子郵件給好一陣子沒來拜訪的潛在顧客等，這類行銷動作若是由人力手動執行，往往會因為過於繁複而難以實現。所以為了進行數位管道上的行銷，就需要導入 MA。而導入 MA 後，就能夠精心調查並用心培養潛在顧客，以便將高品質的名單交付給銷售人員，進而達成提升自家公司獲利的目標。

以MA來開發潛在顧客（Lead Generation）

於發展銷售策略時一定要考慮到的，就是開發潛在顧客（Lead）。潛在顧客清單的品質若是不好，便無法期待有好的銷售效果。而藉由活用 MA，便可能建立出有用的潛在顧客清單。

所謂的**開發潛在顧客**（**Lead Generation**），就是利用在展覽會及研討會等場合交換名片，以及經由廣告、網站等方式收集到的個人資訊，來找出潛在顧客。一般來說，其程序是先設定具體的目標數字與期間，然後進行 PDCA 循環，隨時間提高其精準度。但若是無法充分掌握潛在顧客的資訊，就很難有效率地開發潛在顧客。既然潛在顧客的數量與品質是銷售策略的基礎條件，那麼我們就必須增加其分母的數量，否則策略上的發展空間便會越來越小。

建立潛在顧客清單的過程

MA 能夠依據潛在顧客資訊，有效率地進行潛在顧客的開發。例如針對由交換名片等方式取得之電子郵件地址，寄送含有可下載特定資料的連結的電子郵件，則一旦對方點按該連結，其企業資訊與 cookie 資訊便會建立關聯，於是就能追蹤對方之後瀏覽網站、開啟電子郵件及點按連結等的行為資訊。而從網站來訪者的行為資訊也同樣能夠加以掌握，因此只要從這些資訊剖析出對方的需求後，將之納入為潛在顧客即可。正因為具備可掌握對方資訊與需求之優勢，故 MA 所開發出的潛在顧客清單在日後的銷售策略上往往非常有用。

② 寄送電子郵件給可能的潛在顧客

③ 潛在顧客開發成功

連結一旦被點按，企業資訊與Cookie資訊就會接在一起，於是便能掌握以下的顧客資訊

- 網站瀏覽紀錄
- 開啟電子郵件
- 點按連結的資訊

以MA來培養潛在顧客（Lead Nurturing）

對於已開發出的潛在顧客，應活用 MA 循序漸進地嘗試接觸，藉此培養潛在顧客，使之成長為具高度購買意願的顧客。而為此，就必須在時機恰當時發送符合其需求的資訊。

培養潛在顧客（**Lead Nurturing**）是指將所獲得的潛在顧客，培養成自家公司的顧客。雖說使兩者的數量盡可能一致也很重要，但更重要的是要選擇優質的潛在顧客。由於不確定未展現出強烈購買意願的潛在顧客能否帶來成果，所以銷售人員通常都不會積極地接觸他們。而基於資訊的豐富多樣，很多時候潛在顧客都還會再花時間貨比三家，故必須於持續維持關係的同時，刺激其購買意願，以培養出能讓銷售人員有所期待的顧客。

將潛在顧客培養成優質客群

此外在優質的潛在顧客中，有些人雖然目前有考慮要買特定產品，但同時也還在比較其他公司的同類產品，甚至有一些人是連產品陣容都沒看過，但具有購買能力。若是活用 MA，便能於適當時機，對各式各樣的潛在顧客發送符合其需求的資訊。例如對還在比較其他公司產品的潛在顧客來說，最新的產品資訊及折扣資訊往往很有效果，而對於具購買力的潛在顧客，則可依據其搜尋和瀏覽紀錄資訊，來推銷他們可能會購買的產品。總之要於精心剖析顧客反應的同時，逐步提升其購買意願，藉此將可能帶來營收的優質潛在顧客，培養成創造高收益的顧客。

以MA來篩選潛在顧客（Lead Qualification）

進一步剖析培養中的潛在顧客，以兩種方式來分類其中被認為具較高購買意願者。藉由數值化潛在顧客的購買意願及熱度，建立出終極版的潛在顧客清單並交給銷售人員，以達成更有效率的銷售成果。

經 Lead Nurturing 培養後的潛在顧客，不僅購買意願熱度升高，對公司商品的知識也持續增加。接著就該做 **Lead Qualification**，亦即對**潛在顧客**進行分類、**篩選**。這可算是將潛在顧客移交給銷售人員以轉換為顧客的最後一道關卡。因此，必須以數值化方式確認其購買的意願與熱度，這樣銷售人員才會想要積極地接觸並推銷。而分類的方法有兩種，情境設計與計分設計。以這兩種方式針對各個潛在顧客研究應對措施，並進行數值化。兩者都是運用 MA 進行。

經開發、培養的潛在顧客

首先，情境設計是分析怎樣的措施有效，並判斷該措施能否以既有的內容來實行？還是需要建立新的內容？然後再決定要在哪個管道上進行才有效。數位管道包括社群網路、網站、電子報、App 等，非數位的則有展覽會、研討會、報紙、電視、雜誌等。最後再分別打分數，將之數值化。計分設計則是事先為各個潛在顧客的行為設定分數，當某個潛在顧客超過了一定的分數，就將之分類並抽出為熱門潛在顧客（Hot Lead）。此外有時也會對潛在顧客的屬性及行業、規模等設定分數並加入計算。但必須注意的是，數值化未必總是能顯示出正確答案。也是會有分數高但購買意願低落，或是分數低但購買動機強烈的情況。

導入MA的成功案例①
麒麟啤酒

麒麟啤酒一度因過度著重於服務發展及市場開發速度，導致行銷跟不上。但藉由導入 MA，他們成功將資訊集中化。透過掌握顧客資料以瞭解滿意度和需改進的部分，其問題於是順利解決。

為日本知名啤酒製造商的麒麟啤酒株式會社（以下簡稱麒麟啤酒），經營了名為「麒麟網路商店 DRINX」的電子商務網站。但由於一開始以發展顧客服務及加速營運為優先，造成後來發生了行銷落後的狀況。其原因主要在於作業過程的複雜度。他們將電子郵件的發送工作外包，由事業部的負責人員準備好郵件內容，再請外包公司抽出電子郵件的目標對象清單，實際的發送作業則是交由負責客服中心業務的公司進行。

因導入 MA 而實現了有效的資訊管理

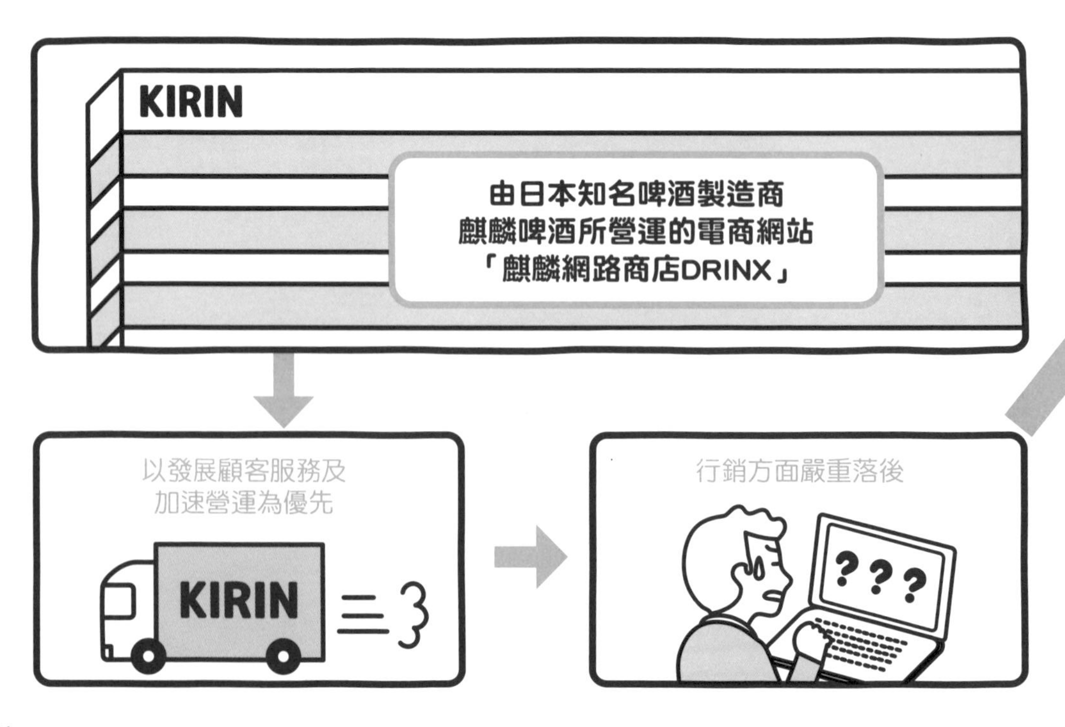

在這種情況下，不可能集中管理「什麼人」、「寄了什麼樣的郵件」、「寄了幾次」等資訊，也不可能執行 **PDCA** 循環。於是麒麟啤酒下定決心導入 MA，採用名為「b → dash」的工具。導入後，便可由公司自行發送電子郵件，成功達成了資訊集中管理的目標。客服中心就只需專注於其受託業務，亦即只要認真收集顧客意見即可。此外，資訊的集中化管理還帶來了其他好處，像是能掌握顧客的網站瀏覽等線上行為紀錄，以及可直接得知顧客對購入商品的滿意度與改善建議。同時，依據各個顧客的需求分別發送合適的文字郵件，更是成功實現了他們與使用者溝通、交流的願望。

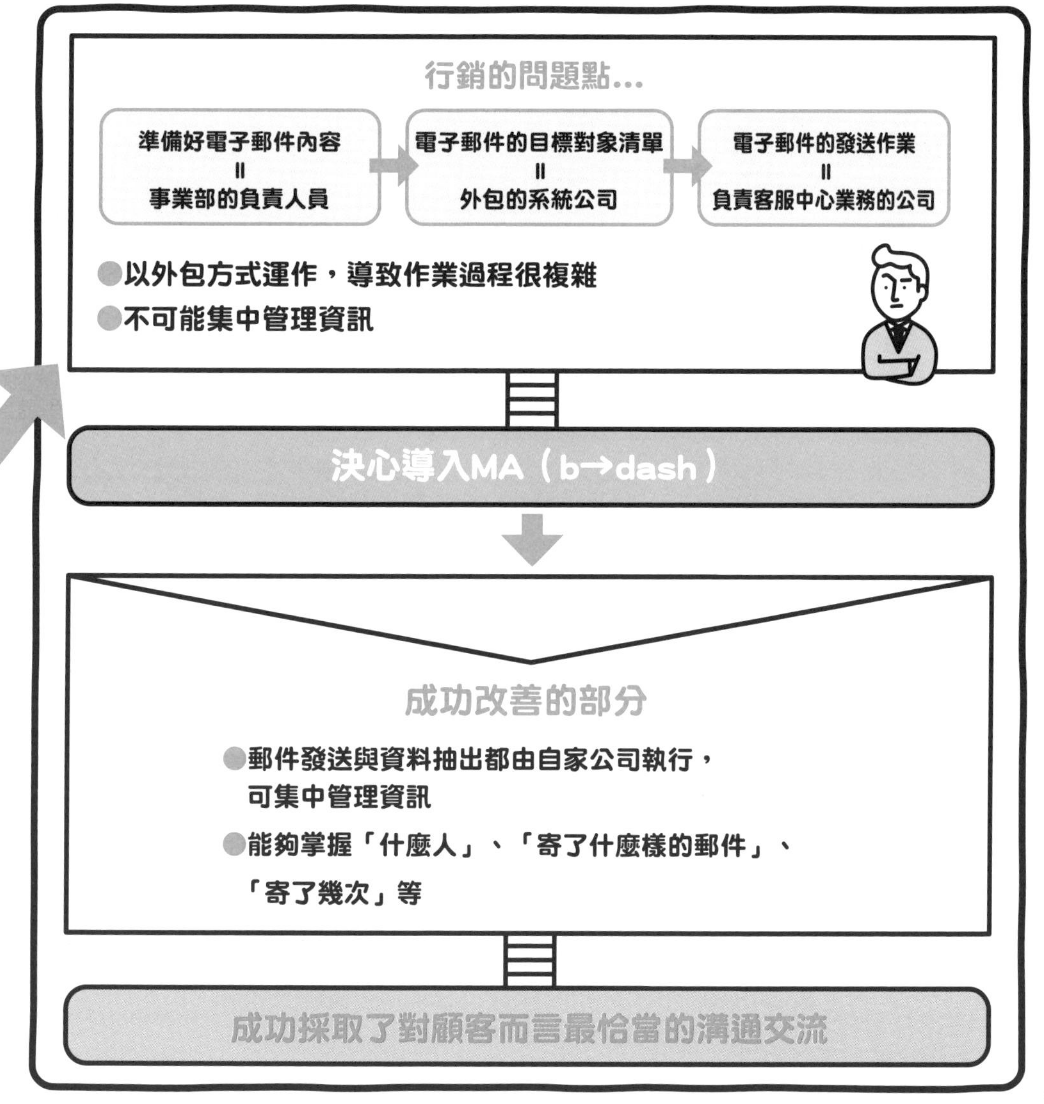

導入MA的成功案例②倍樂生控股公司

倍樂生控股公司跨足各種領域，所營運的網站多達 200 個以上。而藉由 MA 的有效運用，他們不僅實現了資訊的集中化管理，也成功大幅縮減了由報告成本所導致的人事費用與時間耗費。

倍樂生控股公司的事業發展主要包括「教育」、「生活」、「銀髮族 / 照護」、「語言 / 國際」這 4 大領域。若將所有業務都納入計算，其營運的網站數量之多，足足有 200 個以上。而他們以往使用的分析工具只能以各網站為單位做分析，每週一次的**報告工作**也是在各個網站上分別進行訪問分析，呈現各自執行數據化作業的耗時又高成本狀態，此外該工具在分析能力上的限制，更讓他們陷入了無法得知顧客資訊，也無法開拓新商機的困境。

管理並營運每年訪問次數高達數十億的數據資料

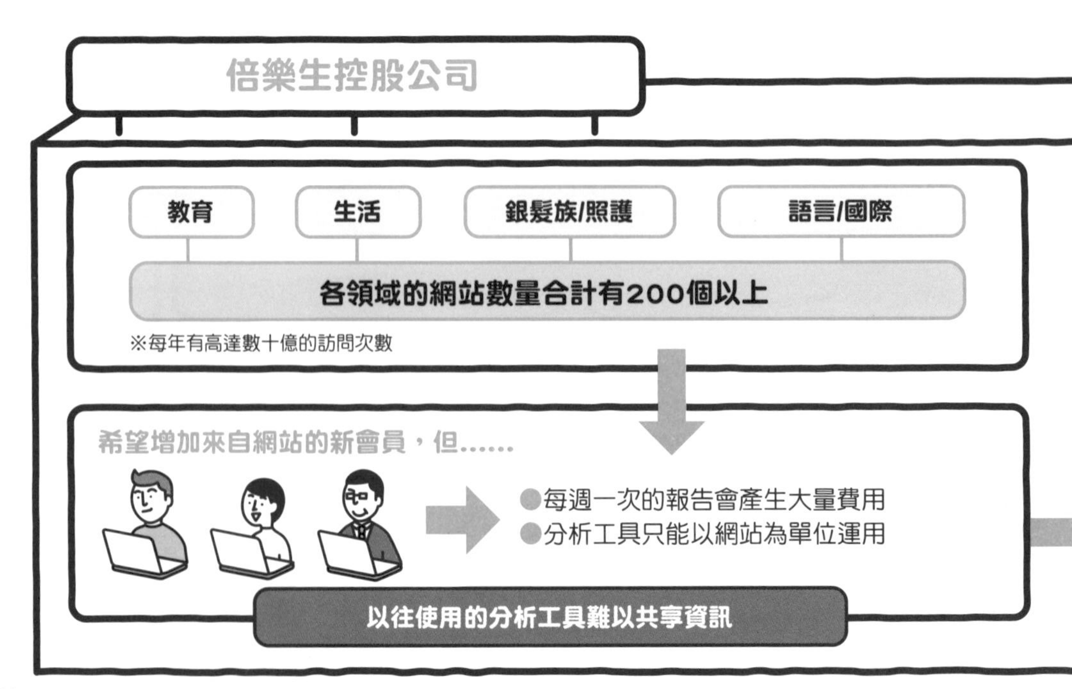

為了解決這樣的狀況而導入的是「Adobe Marketing Cloud/Adobe Analytics」。結果這讓他們成功橫跨全集團所有網站，將包含顧客資訊在內的所有資料都集中管理。其第一項成果，是改善了各網站負責人員異動時 cookie 的交接處理受到影響的問題。而第二項成果，是可靈活設定詳細的區隔，並進行交叉分析。如此便能針對顧客於最恰當的時機寄送文宣品，而網站也能針對訪客的問卷調查結果或來訪紀錄等進行行為分析。至於第三項成果，則是減輕了報告方面的負擔。以往 200 個以上的網站需花費很多的人事成本與時間，而現在這些成本與工作負擔都大幅減輕了。

18 導入MA的成功案例③ 安立知公司

為了使其行銷部門與業務部門能夠共享資訊，安立知公司導入了名為Marketo的工具。這讓過去無法統一的資訊能夠集中化，而藉由對顧客資訊的重新分析、篩選，更使得潛在顧客的開發大獲成功。可謂成果豐碩。

電子測量儀器製造大廠安立知公司，一直以來都著重於在展覽會及研討會等場合開發新顧客的所謂 **Face to Face** 式的銷售策略。但由於無法在顧客所期望的時間點及時進行銷售活動，於是如何與顧客持續維持關係就成了其一大課題。2014 年時，有別於傳統的現場銷售，他們另外成立了內勤銷售部門。雖說其他如行銷部門也是透過網站來發送電子報，可是各部門的資料無法統一，因此還是沒能解決其課題。

於是他們導入了「Marketo」。雖然安立知先前已經採用「Salesforce」，不過兩者

結合 Salesforce 與 Marketo 來解決問題

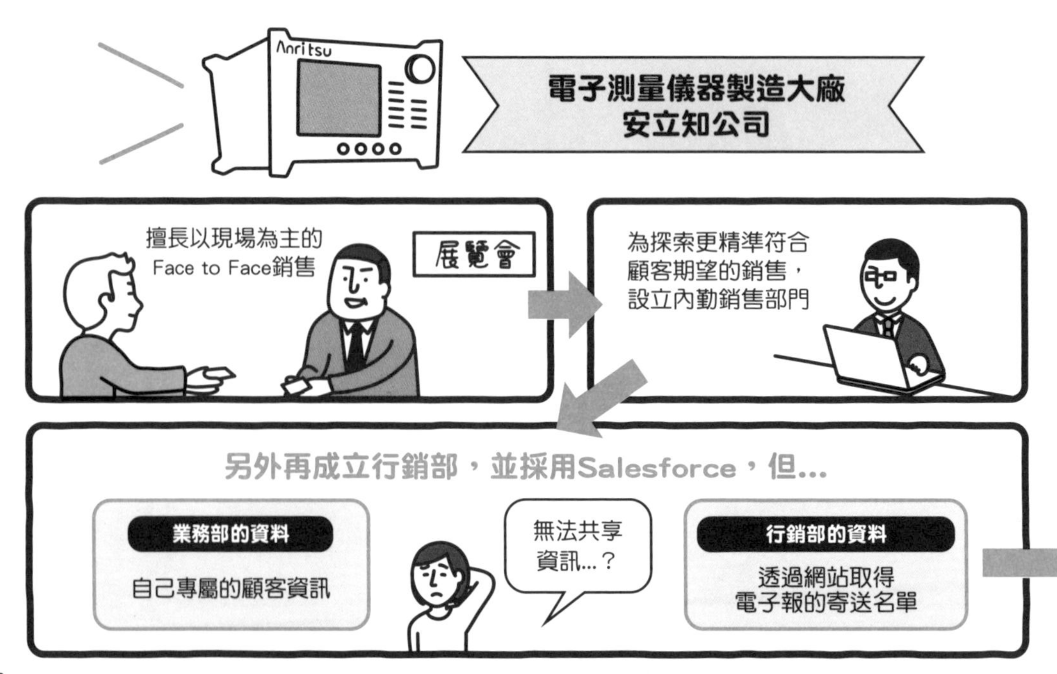

的協作相當順利。Marketo 的導入首先讓以往無法共享資訊的業務部和行銷部，因 Marketo 負擔了一部分的銷售業務，而得以整合雙方所握有的資料。過去不存在於行銷部門資料庫中的業務部的顧客資訊，成了解決其課題的線索。分析資料後發現，在其顧客中，業務部一年以上未聯繫的約有 62%，而其中的 42% 甚至已經兩年以上未曾聯繫。而藉由再次聯繫這些潛在顧客，業務部門的可接觸顧客數便增加到了 1.7 倍。

值得記住的數位行銷用語集⑤

1. IoT（P136）

為「Internet of Thing」的縮寫，中文叫「物聯網」。這是一種概念，意思是不僅限於電腦與手機，就連冰箱和微波爐等各式各樣的電器產品也都能連上網路。而在行銷方面的應用，主要指透過將電子標籤貼在商品上，或是讓手機 App 連接自動販賣機等方式，便可精準收集使用者資料。

2. ICT（P139）

為「Information and Communication Technology」的縮寫，即「資訊與通訊技術」，也稱「資通科技」。是於 IT 的概念中再加進通訊元素，也就是運用資訊和通訊技術進行多樣化的溝通。至目前為止，ICT 在教育、醫療、社會福利等領域引起廣泛關注，對於由遠地醫師來支援偏鄉醫療的系統建構提供了很大幫助。此外對一般企業的遠距工作來說也很有用，於在家工作之必要性因新冠肺炎疫情而大受重視的環境中，ICT 可謂備受矚目。在行銷方面，就透過商品與使用者建立密切關係這層意義而言，ICT 也扮演了重要角色。

3. 4V（P140）

指大數據所具備的 4 個要素，而其名稱就取自 Volume（資料量）、Velocity（資料的速度）、Variety（資料的多樣性）、Veracity（資料的真實性）這 4 個要素的開頭字母。既是大數據，資料量就必須要很多才行。此外這些資料的產生與處理速度也很重要。而資料的種類還必須多樣化。因為在分析資料時，只從單一觀點出發無法得到充足的結論。最後，該資料的真實性是關鍵所在。從取得來源到取得方式等，若非真實正確，便會失去做為資料的價值。對處理大數據的企業來說，4V 今後將變得非常重要。

4. IC 標籤（P142）

IC 是「Integrated Circuit」的縮寫，中文稱做「積體電路」。而 IC 標籤，就是在這種由積體電路所組成之小塊半導體，亦即所謂的 IC 晶片上，嵌入可通訊的天線的一種電子標籤。利用無線電波，不必直接接觸，便能進行資料的讀取、記憶與交換。JR 東日本於 2001 年開始提供的 Suica 服務（譯註：類似台灣的悠遊卡的交通工具票卡）就是此種應用的一個典型例子，而現在 IC 標籤正廣泛普及於各個業界。對企業來說，IC 標籤不僅能簡化以往利用條碼進行的生產、庫存及物流管理等，還能藉由貼在商品上來達成保全目的（避免被偷），甚至可掌握拿取商品者的轉換率，對行銷也很有幫助。

5. 眼動追蹤（P145）

即 Eye Tracking。以專用的裝置來追蹤使用者的行為模式。也就是掌握使用者來到哪種場所，而其視線如何移動、最後停留在哪個商品上、停留了多久時間（如何查看、比較商品）等。這種資訊對行銷來說變得很重要。利用此技術，並問出最終有購買的使用者的行為理由，便能更清楚掌握商品的特性。

6. CRM（P148）

為「Customer Relationship Management」的縮寫，即「顧客關係管理」。是指藉由維持高顧客滿意度，以及與使用者間的良好關係，更有效率地確保獲利的行銷手法。亦即收集使用者的喜好與行為模式、年齡、性別、家庭結構等資訊，來提供相對應的合適服務或推銷活動。就保有固定客戶（常客）而言，CRM 也非常重要。

7. PDCA（P149）

「Plan、Do、Check、Action」的縮寫，即方針與計畫（P）、執行與運用（D）、查核與評估（C）、改善行動（A）這 4 項。在經營管理上，合理、有效率地進行這 4 者相當重要，而這樣的循環程序就稱做「PDCA 循環」。在數位行銷方面，P 是掌握當前的問題並訂定目標及計畫；D 是基於訂好的目標與計畫，實際建立網站、更新網站等；C 是檢查網站訪客的資料，並進行分析；A 則是從分析結果找出問題所在，然後努力改善。實行此程序，PDCA 循環便能發揮作用。

8. 忠實顧客（P150）

這是指不僅對特定公司的商品及服務有興趣、很注意並會購買，而且還會主動介紹給第三者的使用者。這樣的忠實顧客是不會見異思遷去買其他公司商品的回頭客，對企業來說是非常寶貴的使用者。雖說這樣的顧客通常需要花費長時間建立信賴感，不過在短時間內，也可能透過紮實的行銷以合理價格銷售高品質商品，並於售後提供有效的顧客照護等方式創造出來。

9. MA（行銷自動化）（P158）

為「Marketing Automation」的縮寫，即「行銷自動化」，指的是用來集中管理所取得之潛在顧客資訊的軟體。這類軟體能將利用了網站、社群網路、電子郵件等（數位管道）的行銷結果，自動以數據資料的形式來清楚呈現。然後依據這些數據資料，企業便能培養使用上述數位管道的潛在顧客，可自動呈現合適的資訊給他們。而當然，這也可做為有效的顧客資料庫來運用。

10. 篩選潛在顧客（Lead Qualification）（P164）

「Lead」是指潛在顧客，而所謂篩選潛在顧客（Lead Qualification），就是從這些潛在顧客中，再進一步挑選出實際購買商品或服務的可能性較高的潛在顧客。若能做到這點，便能以更有效率的銷售行動達成實際的商品購買。在行銷上，對於潛在顧客，是從開發潛在顧客（Lead Generation）開始，然後進行資料管理（Data Management）、培養潛在顧客（Lead Nurturing），最後才達到篩選潛在顧客的階段。就建立這樣的流程來說，MA 等的運用也相當重要。

Chapter 6

因 AI×5G 而帶來了變化的數位行銷的未來

在 5G 的時代
數位行銷會有什麼樣的改變？
而與 AI 或 4K 等技術結合時
又會產生怎樣的綜效？
讓我們一起來探索
在第 4 次工業革命中的
數位行銷的可能性。

到底什麼是5G？

做為一種新世代通訊規格而備受矚目的「5G」，其優點就在於，能夠更快速、精準地與更多對象交換更大量的資料。而這可望讓數位服務出現更高度的進展。

「**5G**」是 **5th Generation（第 5 代行動通訊技術）**的簡稱，亦即針對用於手機等的通訊技術，若是以「世代」來劃分其發生重大變革的時期的話，這是第 5 代。所謂的進入 5G 時代，代表的是通訊技術一舉大幅躍進，使得以往難以實現的先進數位服務成為可能。

而 5G 的主要特性包括「高速與大流量」、「低延遲」、「多個同時連接」這三點。其中「高速與大流量」，就是能夠更快速地傳送及接收更大量的資料。例如在網路上

1G～5G 的行動通訊技術演進史

看影片時，可在短時間內下載並觀賞更高解析度的影片。而「低延遲」是指因資料損壞等所導致的傳輸損耗減少、傳送及接收的延遲最小化，可達成更高度的即時通訊。此一特性有望在汽車的自動駕駛和遠距醫療等領域發揮作用。至於「多個同時連接」，則是指可供更多的終端裝置同時使用，不易發生通訊壅塞的問題。例如在有大量觀眾聚集的體育場館或現場表演等場合，也能夠順暢通訊。一般認為 5G 的普及，尤其將促進把「物」連結至網路來達成的遠距管理，亦即可促進所謂的 IoT（Internet of Things，物聯網）化。

5G 的 3 個特性

02 因5G而改變的行銷的未來

人們預期有許多領域都將因 5G 的普及而出現重大變革，其中之一就是「數位行銷」領域。一般預測，由於通訊的**高速與大流量化**，今後的廣告將以更高解析度的精細影片為主流。

據說 5G 的普及將為各種商業場景帶來影響，而其中最受到矚目的，正是「數位行銷」領域。以往說到數位行銷，絕大多數都是一些只在網路上執行的措施，像是依據使用者的訪問及搜尋紀錄，於其正在瀏覽的網站上顯示廣告之類的手法。然而 5G 一旦普及，便能夠即時傳輸更大量的資料，數位行銷的手法想必也會因此出現很大的變化。

影片廣告之市場規模的推估及預測

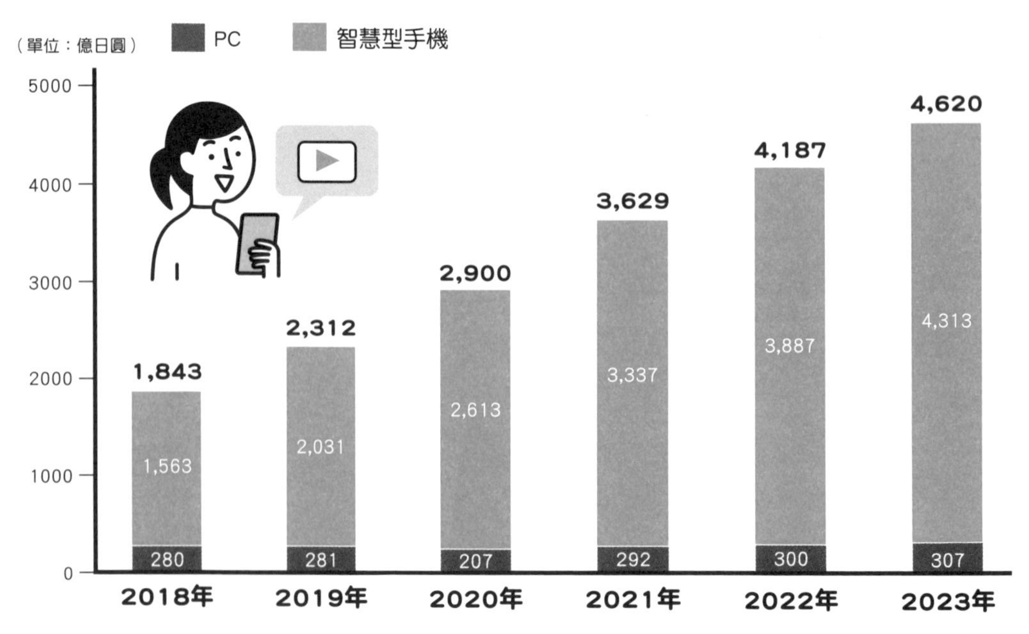

（CyberAgent（Online Video Research）/Digital InFact調查）

例如，影片廣告的市場規模有逐年擴大的趨勢，而 5G 的普及預測將更進一步助長這樣的傾向。現在在電車和計程車內都看得到影片廣告，此外在車站等建築物內的數位電子看板，今後想必也會從顯示靜態圖像改為播放影片。還有在使用 Zoom 等網路會議應用程式進行的線上研討會（Webinar）中，透過視訊通話與顧客溝通的手法也越來越普遍。甚至像 **AR**（擴增實境）和 **VR**（虛擬實境）等最新的影像技術，應該也會因為 5G 而變成更常見且實用的行銷手段。而且不只是像這類的資訊傳播，據說就連在收集顧客需求等資訊方面，5G 也能發揮極大力量。

數位行銷的例子

03 5G對AI造成的影響

一般認為，5G 普及所帶來的通訊高速化與大流量化，也會對 AI（**人工智慧**）技術的發展造成影響。而一旦 AI 能夠處理更多資訊，各種「物」的遠距自動管理等領域肯定就會有大幅度的進步。

在以「Siri」為首的智慧型手機 AI 助理及智慧喇叭（Smart Speaker）等的普及下，**AI** 現在也逐漸成為對一般人來說很常見、熟悉的技術。當 5G 日漸普及，使得通訊高速化且大流量化，AI 就能夠更快速地存取更多的資料。如此一來，機器學習得以加速進行，AI 便會持續進步，能夠不斷完成更複雜的處理。不僅可以更準確地理解人類所問的問題並回答，將來或許還能夠與人類進行自然的對話也說不定。

5G 的普及加快了機器學習的速度

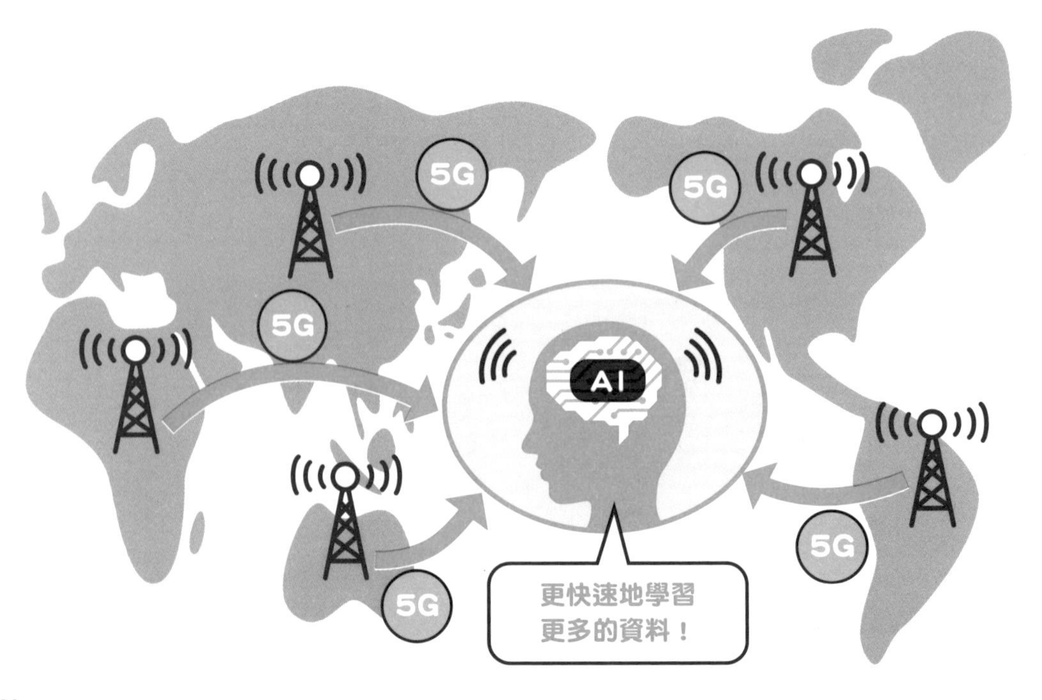

此外 AI 技術和將各種「物」連接至網路的 IoT 也密切相關。就以汽車的遠端自動駕駛技術來說，於即時處理汽車本身的車況和行駛狀況、路線搜尋，還有塞車資訊等的時候，AI 的存在可謂絕對必要。而在醫療實務上，也曾有過於傳染病流行時，透過具備 AI 的機器人來進行非接觸式診斷的案例。一旦 AI 技術因 5G 的普及而進步，就能夠迅速分析更多的資料，從而快速準確地診斷病患，於是便可能挽救更多人的性命。其他還有以 AI 管理並栽培農作物的智慧農業、藉由遠端操作工程機械達成的施工現場無人化等，AI 技術的應用範疇預計將持續擴大、延展。

先進 AI 發揮積極作用的領域

運用了AI的「動態定價」

近年來，有越來越多企業採用由 AI 進行需求預測，再依預測結果改變商品價格的所謂「動態定價」。當 AI 技術隨著 5G 的普及而進步，想必庫存管理等部分就會變得更有效率。

所謂的**動態定價**（**Dynamic Pricing**），就是一種依據需求來改變商品價格的銷售方式，常見於決定職業運動賽事或歌手現場演唱會的門票價格時。由於商品需求涉及各種因素的綜合影響，故有些部分很難靠人的經驗和直覺來預測。不過這幾年，日益發達的 AI 技術已能夠自動處理大量數據資料，於是便得以更準確地預測出需求。

以運動賽事的門票為例，適當的價格設定除了能提高觀眾席的利用率外，也可望有防止高價轉售黃牛票等效果。另外有一些超市，則是選擇導入可自動決定商品進貨

動態定價的例子

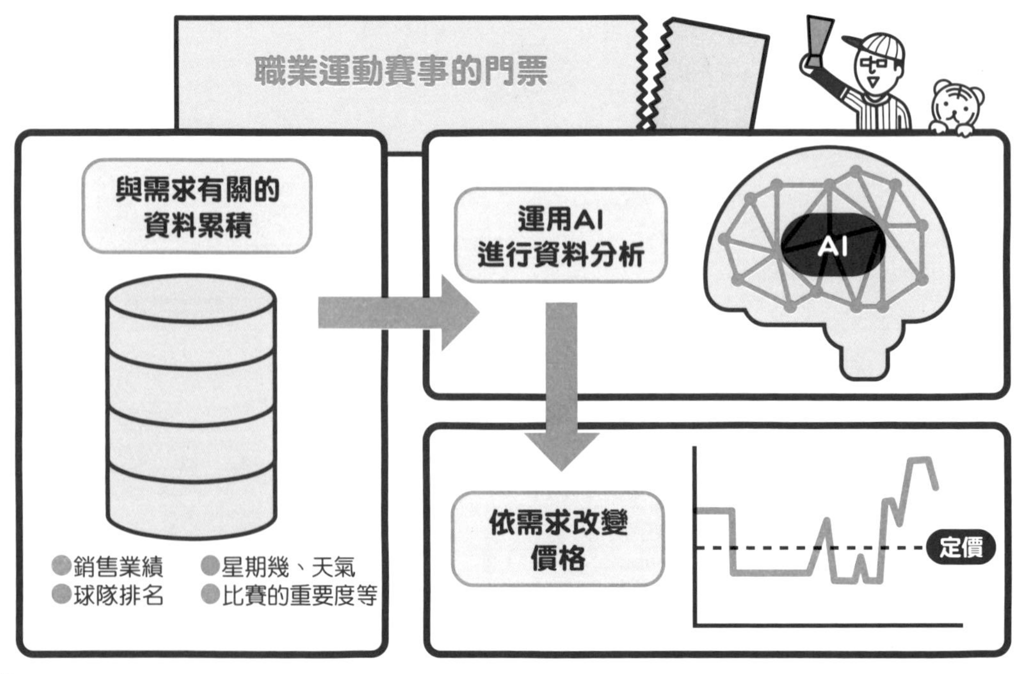

量的需求預測系統。其目的是要透過分析商品的銷量與價格，來避免過度進貨，以減少不必要的庫存。還有一個例子是，在價格變動頻繁的家電大賣場，為了省下更換價格標籤的人力與時間而導入電子價格標籤，以自動變換商品顯示價格。甚至有些便利商店為了減少食物的耗損、浪費，也在考慮導入可依保存期限自動改變售價的系統。一旦 5G 的普及使得 AI 能進行更高度的演算處理，這樣的需求預測與價格變動肯定就會更有效率。

運用了 AI 的動態定價

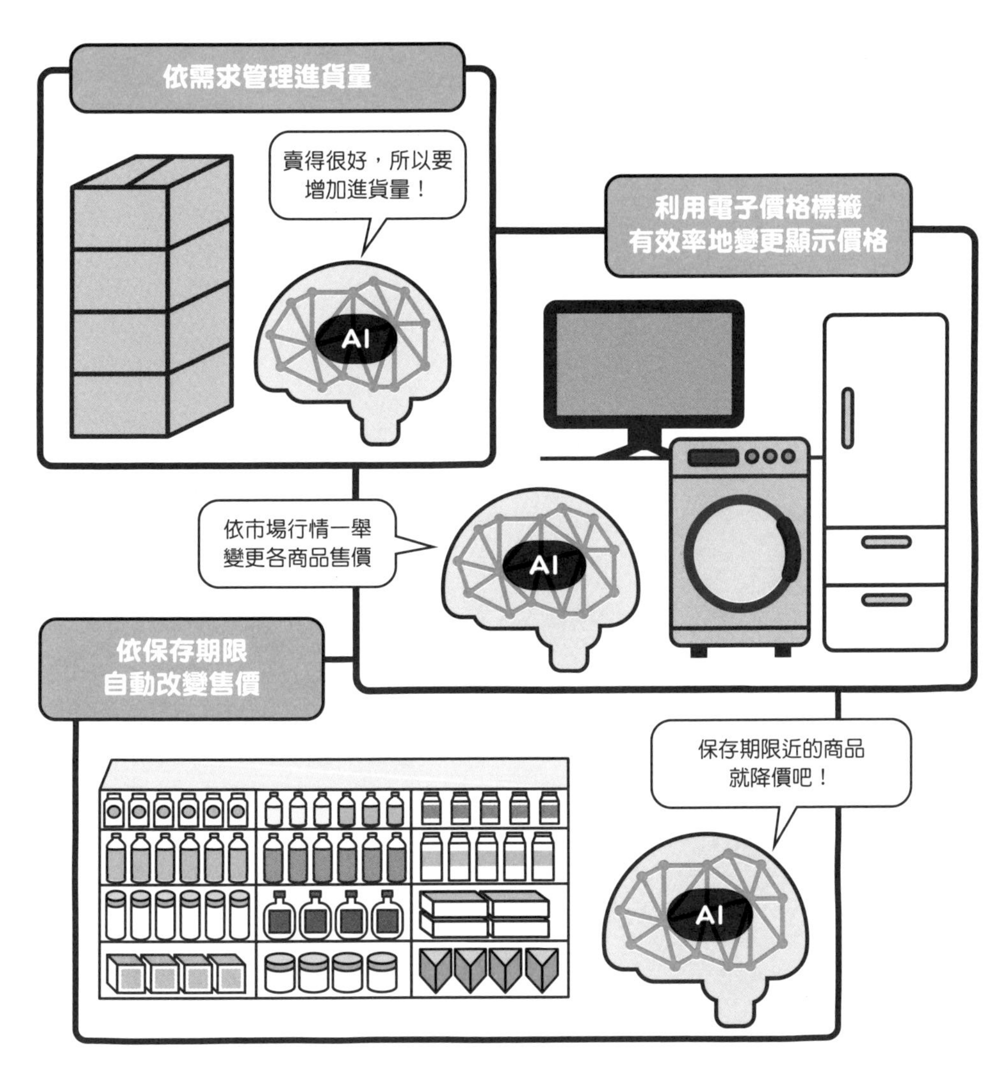

能否遇見真命天子(女)？即時配對服務

在尋覓與自己合得來的另一半、尋找事業上的合作夥伴等所謂的「配對服務」方面，AI 也受到重用。而 AI 技術越是進步，配對的精準度肯定就會隨之提升。

用於如相親聯誼等以找對象為目的的所謂配對服務，也開始導入 AI 技術。被稱做「**AI 配對**」的這類服務，是由 AI 依據以往成功結婚者的資料，來分析登錄者的性格與價值觀、生活方式等，然後自動挑選出據推測應該最合適的對象。而所分析的資料，除了登錄者自行填寫的自我介紹外，還包括基於接待人員的評論、信用卡的購物資訊等的意向性，AI 會根據這些資料進行綜合性的判斷並配對。

透過 AI 提供的配對服務

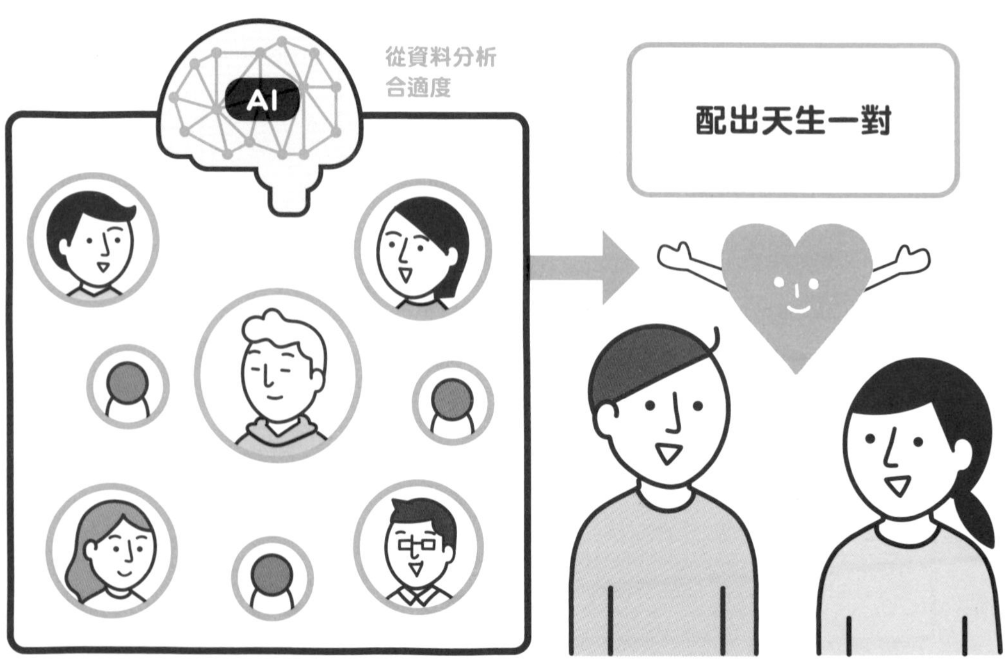

另外 AI 配對也展現了進一步發展的跡象，亦即日本於 2019 年，曾實驗性地舉辦了一場由機器人代替本人進行交談的相親活動。這場活動分成 2 個階段進行，首先由事先輸入了參加者個人資訊的機器人負責自我介紹並展開對話，之後再讓參加者實際交談。像這樣透過機器人展開對話的好處包括了，可提及「難以自行開口宣揚的個人優點」或是「有點難以啟齒的敏感提問」等。此外也有參加者表示這有利於「專心地接收對方的資訊」、「從客觀的角度找到與對方的共通點」。或許，即使不善溝通也能在 AI 的輔助下遇見真命天子（女）的時代即將到來。

透過機器人進行的相親活動

共享各種商品的共享經濟（Sharing Economy）

在 IoT（物聯網）持續進展的今日，藉由共享多餘的物資、人力及時間等所謂閒置資產，來減少整體社會經濟損失的「共享經濟」觀念正開始流行。而隨著 5G 的普及，這樣的風潮預計將變得更為興盛。

所謂的**共享經濟**（**Sharing Economy**），是指如家中孩子已獨立搬出故將多餘空房做為民宿租借給旅行者，或是照顧孩子告一段落的家庭主婦利用閒暇時間提供代做家事服務等，是一種積極共享並有效利用存在於社會中之閒置資產的經濟形態。共享經濟的服務主要分為「空間」、「物品」、「技能」、「交通」及「金融」這 5 大類，而實務上是透過網路共有這些閒置資產的資訊，並媒合需求與供給，以達成共享之目的。

擴展中的共享經濟

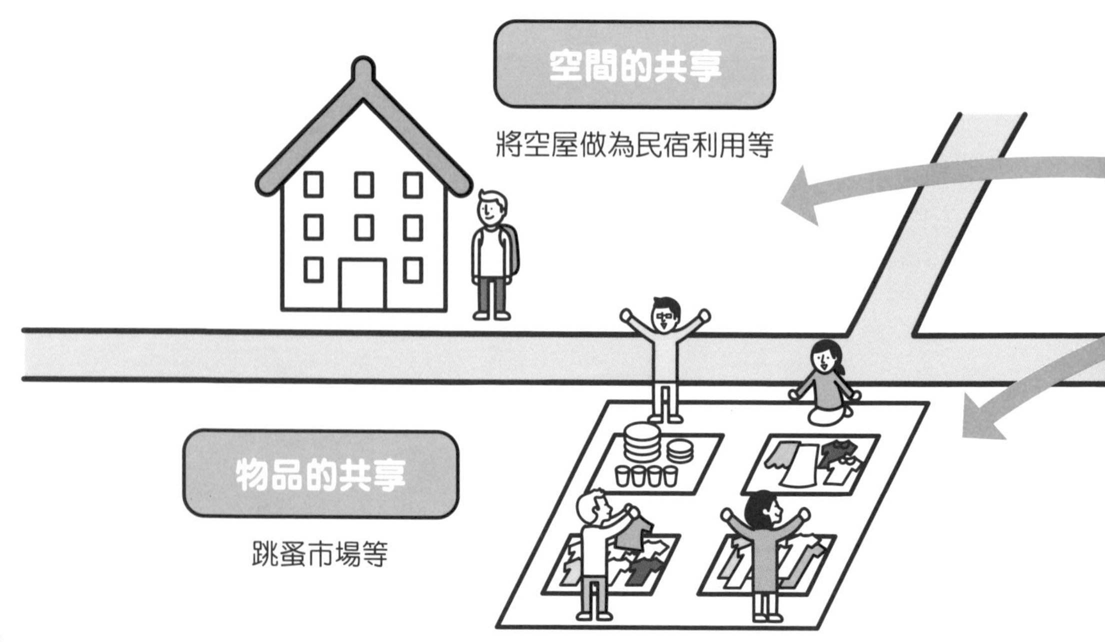

想要有效率地進行共享，就必須即時掌握要共享的人才或物品等的狀況。因此，以網路連接並管理各種「物」的 IoT 就變得越來越重要。以共享汽車為例，不論是透過網路持續掌握目前的可用車輛資訊並通知使用者，還是管理車子的油量狀態等，都會用到 IoT 技術。另外像是零售業和餐飲業等，透過網路共享剩餘食材資訊，好讓以往僅存丟棄一途的這些食材有機會以便宜的價格送到消費者手上，也是共享經濟的一個例子。今後，隨著 5G 的普及，當更多與閒置資產有關的資訊，能夠更即時迅速地為大家所共享，共享經濟便將持續發展、擴大。

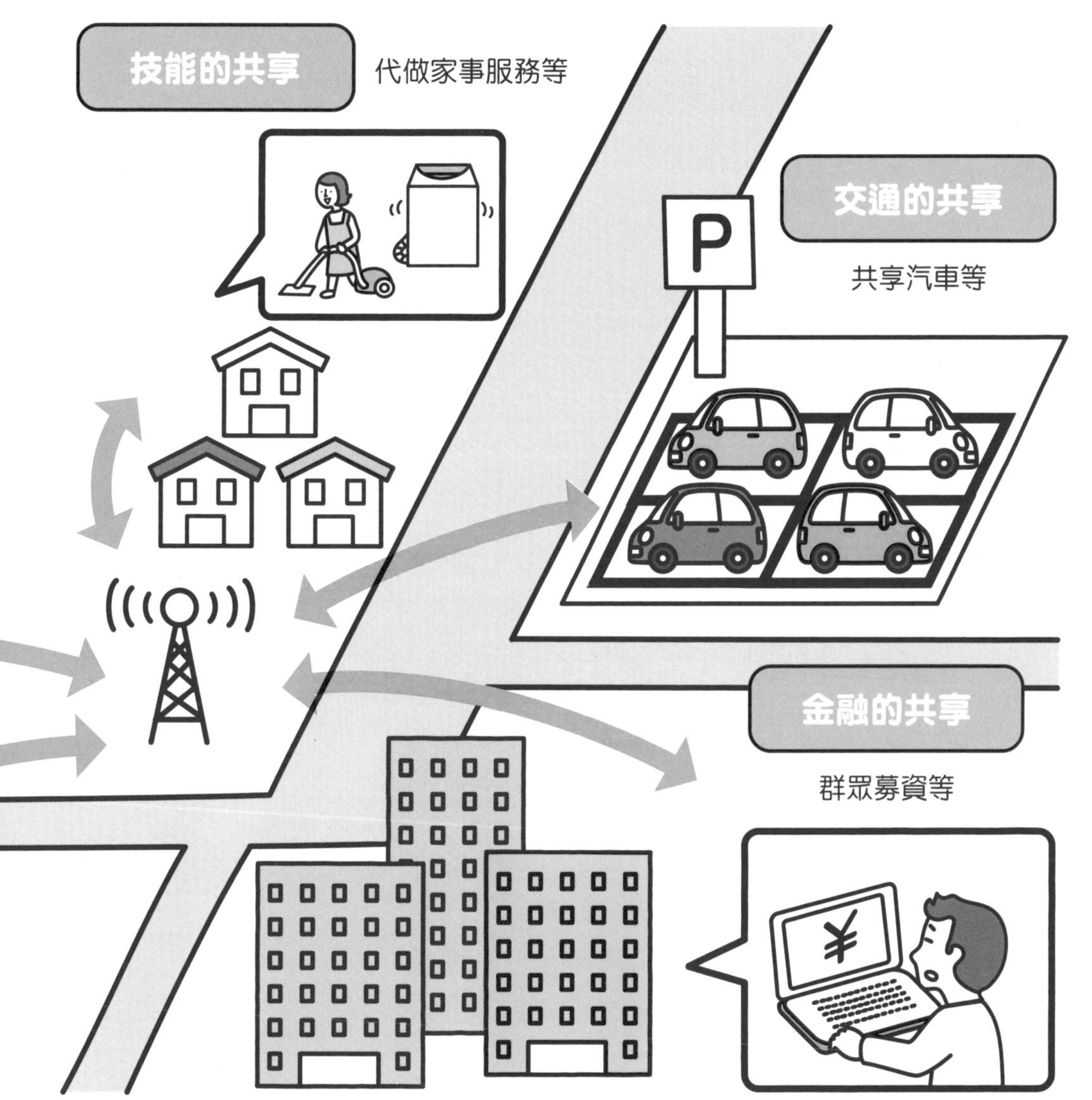

融合了網路與實體的OMO

在為 IoT 先進國的中國，以現在人人都能透過智慧型手機等行動裝置上網為基本前提，不分網路與實體的數位行銷手法＝ OMO 已逐漸成為主流。

所謂 **OMO**，是「**Online Merges with Offline**」的縮寫，翻成中文就是「網路與實體融合」，亦即「**虛實融合**」之意。在數位化還不如今日這麼發達的時代，曾出現過於網路上發行折扣券來促進實體店面銷售的虛實分立式的「O2O（Online to Offline）」或稱「全通路（Omni-Channel）」的行銷措施。然而隨著 IoT 的進步與智慧型手機的普及，在人人上網已成常態的今日，不分網路與實體，而是將兩者密切結合來提供顧客服務的概念，以中國等地為中心開始廣泛擴展。

OMO 行銷的例子

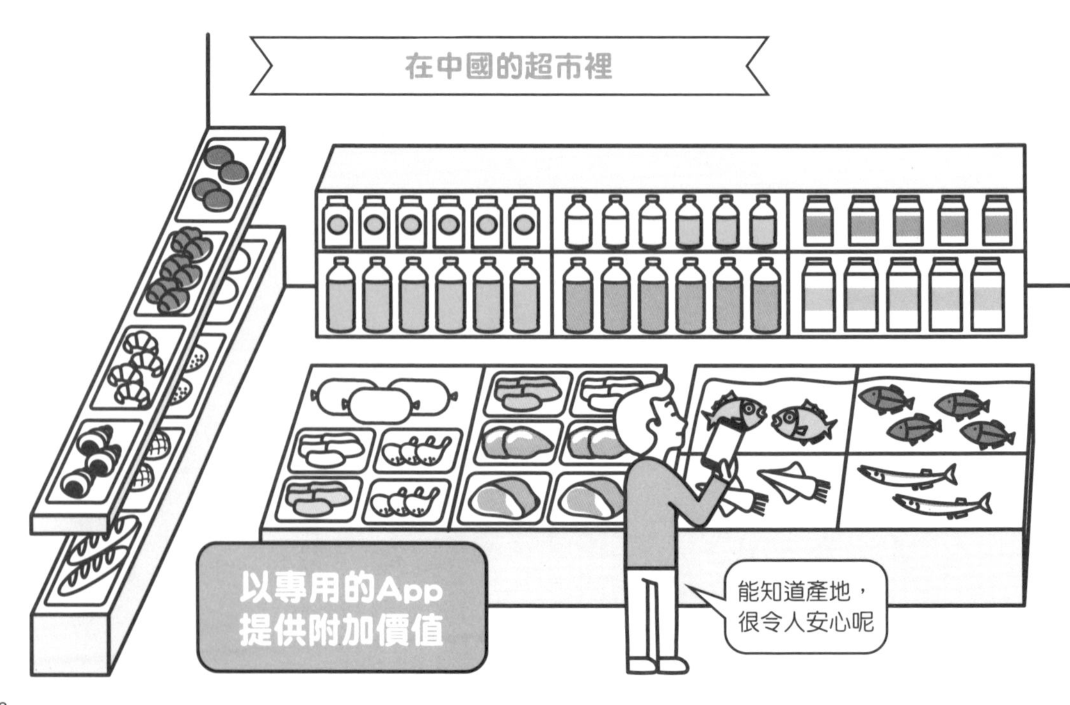

OMO 的具體例子包括了中國的超市，其中設置有活魚魚缸、用餐區等，創建了能讓顧客獲得優質購物體驗的實體店面。在支付方面，能以專用的 App 進行行動支付（無現金交易），而顧客也可獲得依其購買紀錄提出的推薦商品資訊。此外，對於講究食品安全性的顧客，還提供從產地到店頭的商品完整履歷，甚至更提供可一次買齊做菜教學影片中所有食材的服務。隨著 5G 的普及，當人們能夠共享更多的商品資訊，顧客們想必就能獲得更舒適愉快的購物體驗。

運用了推薦系統的行銷方式

在生活方式多樣化的今日，企業要發送符合顧客需求的商品資訊變得越來越困難。而能在這時派上用場的就是所謂的「推薦系統」，這是一種基於購買紀錄等資料的行銷技術。

推薦（**Recommendation**）系統是指一種資訊顯示系統（推薦引擎），專門用來顯示符合各個顧客喜好的商品及服務的資訊。例如在網路上買東西時，之所以會在購物網站上看到依購買及瀏覽紀錄所顯示的推薦商品，或者連到求職網站時，會看到「關注這間企業的人也查看了這些公司」之類的資訊，就是因為這些網站都內建了推薦引擎的關係。藉由這樣的系統，顧客就算不主動搜尋，也能獲得自己喜歡商品的資訊。

未來的 AI 推薦系統

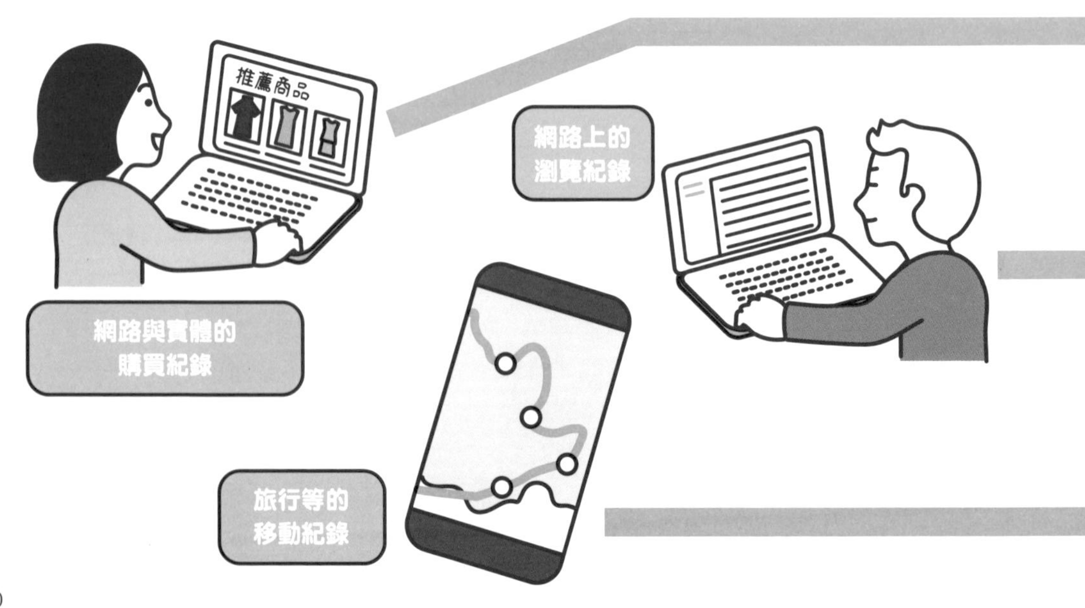

隨著 5G 的普及、IoT 持續進化、AI 技術不斷進步，推薦系統的功能預期也將發展得更為先進。IoT 化使得所有東西的購買紀錄，不分網路還是實體，都被徹底收集，並結合網路的瀏覽紀錄及社群網路的交友關係等資訊一同進行分析，於是就能將最合適的商品資訊顯示在顧客眼前。若是再加上先進的 AI 技術，甚至可能發展出未來意向型的推薦系統，例如可預測顧客所屬社群之流行趨勢，以及隨年齡產生的喜好變化等。在 5G 的時代裡，或許人們已不再需要自己尋找商品，而是只需從 AI 建議的商品中做出選擇即可。

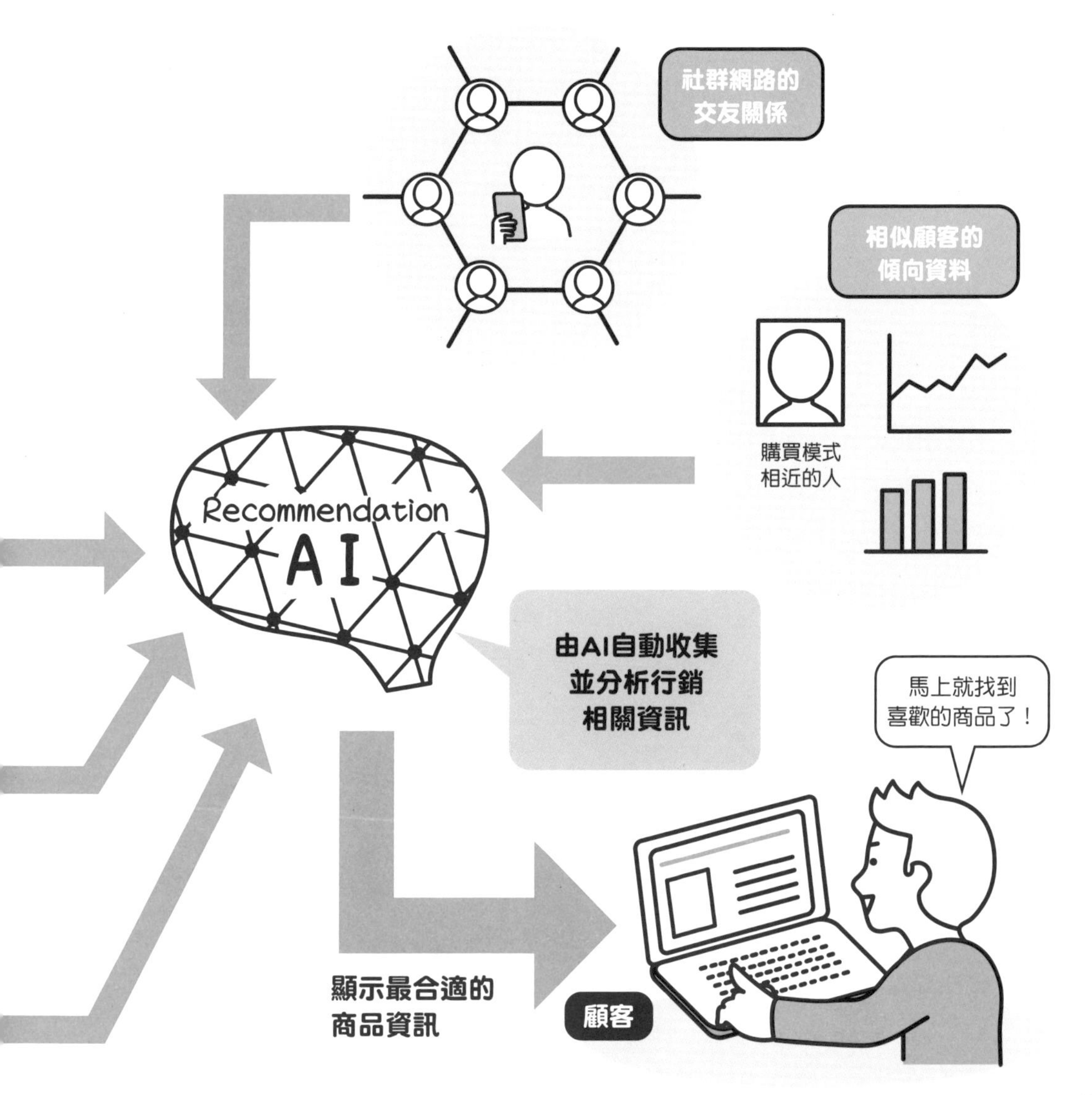

營造顧客認同感的LIVE現場直播

透過即時的 LIVE 現場直播來傳遞商品最新資訊的行銷手法，能營造顧客的認同感及高度話題性，甚至能在社群網路上成為流行趨勢等，對企業方有很多好處。而在 5G 的影響下，LIVE 現場直播的技術預期將會有更大的進步。

就如 Apple 公司定期舉行的 iPhone 新產品發表會，利用 **LIVE 現場直播**影片來進行的新商品宣傳活動，現已為許多企業所採行。不同於電子郵件及文章，LIVE 現場直播可同時傳遞包括說話者的表情和姿勢、手勢、語氣、會場的熱鬧氣氛等許多非語言資訊。此外對顧客來說，由於能與許多人即時共享對新資訊的感動及考量等反應，故有可能從而產生超值感，或是在社群網路上引發流行等，掀起大規模的運動。

5G 時代的 LIVE 現場直播

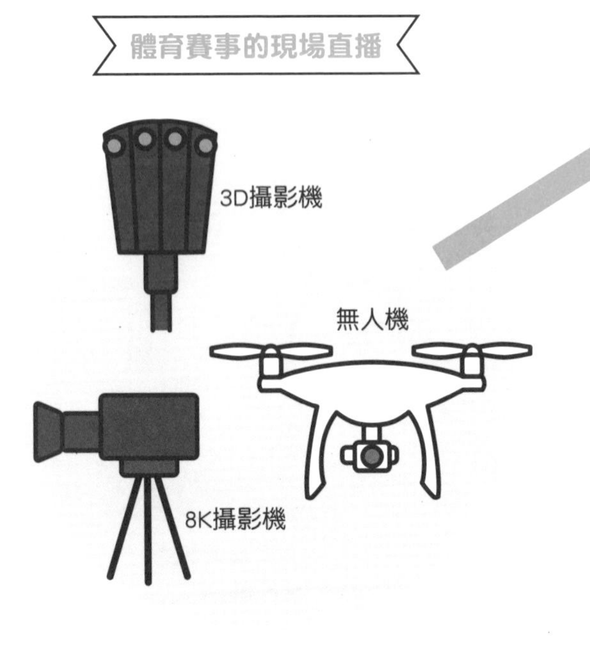

就像這樣，已成為現代主要行銷手法之一的 LIVE 現場直播，預期將隨著 5G 的普及而更進一步進化。例如在 2019 年，便曾有人運用 5G 通訊技術進行實證性的試驗，嘗試以串流方式直播超高解析度的「8K 影片」。基本上，影片資料的解析度越高，資料量就越大，會需要更多時間傳輸，很難做到即時的 LIVE 現場直播，但藉由 5G 的高速與大流量、低延遲等特性，應可解決此問題。另外，同樣資料量龐大的 3D 影像（VR 影像）的 LIVE 現場直播系統、即時的遠端影片編輯、由 AI 進行的影片分析等技術也都在持續發展中，因此今後顧客們所能獲得的影片體驗，想必會更加豪華且刺激才是。

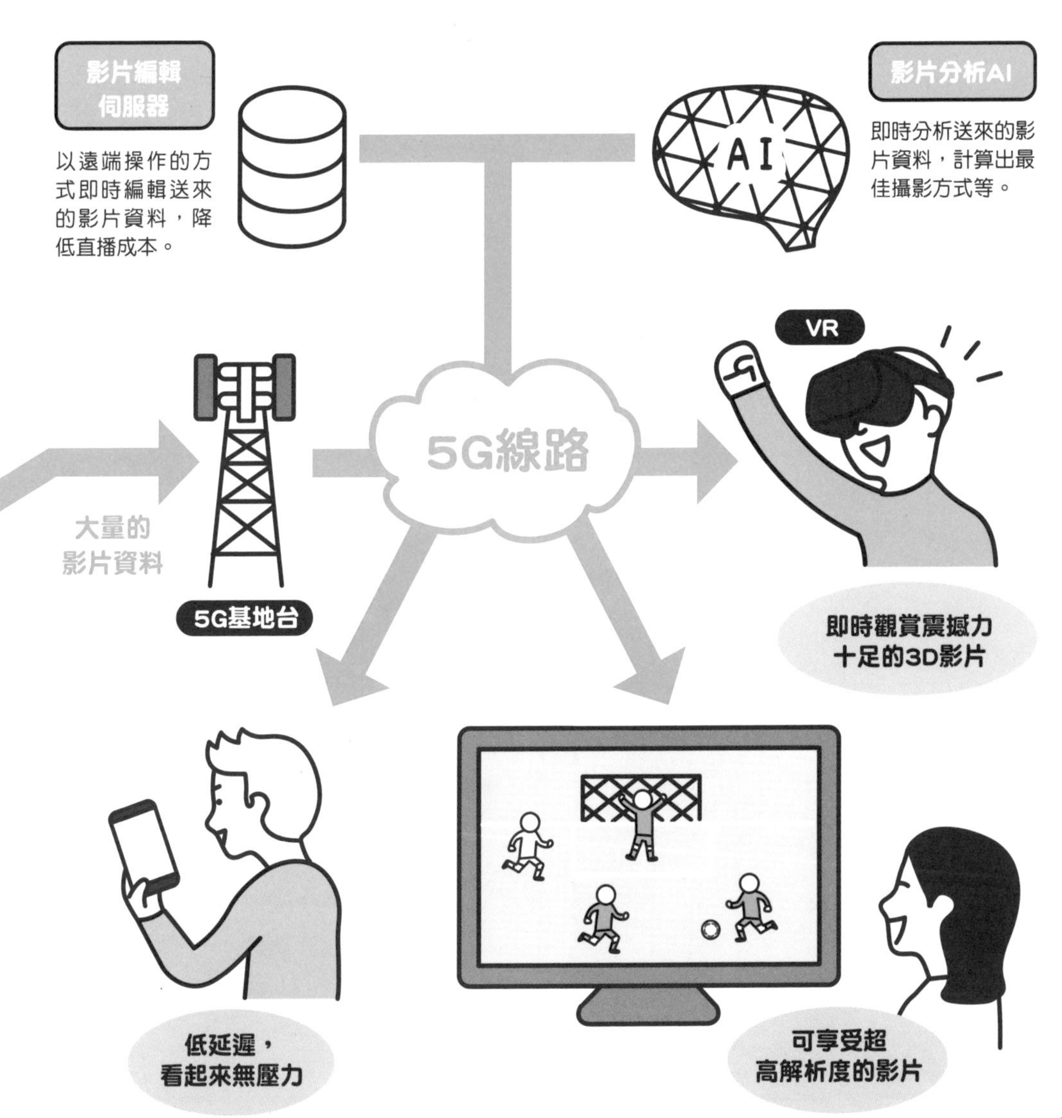

現實與虛擬相互影響的世界—MR

AR（擴增實境）和 VR（虛擬實境）等 3D 影像技術不斷進步，現在對一般人來說也已逐漸變得熟悉、常見。5G 的普及讓 3D 影片的傳輸持續進展，而其中尤其受到矚目的新技術，就是所謂的 MR（混合實境）。

MR（Mixed Reality）是代表中文「**混合實境**」之意的一種最新影像技術，亦即融合了將 3D 影像等投影至現實景象中的 AR（擴增實境）與呈現完全的虛擬世界的 VR（虛擬實境）。在 MR 中，結合可顯示 3D 的全像電腦（Holographic Computer）與專用的 HMD（Head Mounted Display，頭戴式顯示器），使用者便能看著與現實空間疊合的全像 3D 影像，同時實際以手或身體的動作來操作該影像。換言之，MR 的特色就在於，能將 3D 影像投影至現實世界，而且還能以實際摸到般的感覺進行操作。

AR（擴增實境）與 VR（虛擬實境）

例如在製造業就已發展出一些 MR 的應用案例，像是將產品的 3D 模型投影至作業現場來進行模擬操作，以便確認後續的作業步驟，或是將產品原型的 3D 模型投影至現實空間中，以進行設計及安裝的模擬等。還有在醫療實務上，MR 的導入也可望提高效率，包括將手術部位的 3D 影像投影出來以替代人體模型，藉此進行模擬手術訓練，或是對病患展示 3D 模型投影以解釋病情等。此外在娛樂產業方面亦有不少 MR 技術的應用，像是用來炒熱活動氣氛的獨特表演效果，或是虛擬偶像的現場演唱等。隨著 5G 的普及，當可即時交換的資料量越來越大時，MR 肯定就會有更進一步的發展。

MR（混合實境）

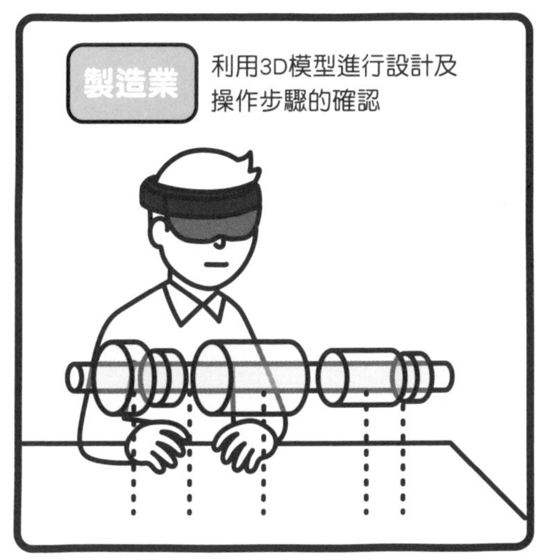

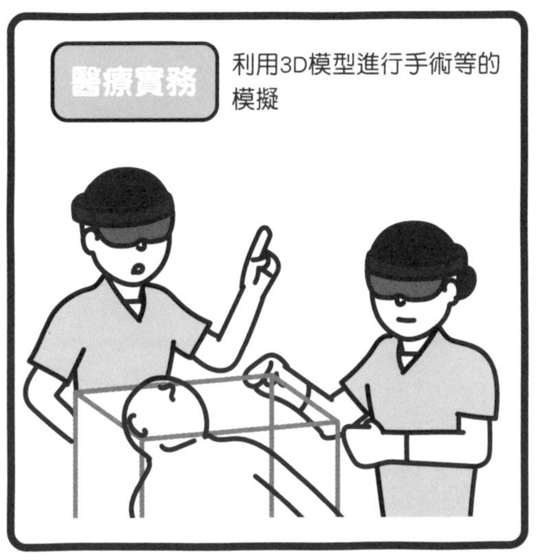

11 以列隊行駛技術來解決司機短缺問題並降低成本

高速行駛的無人卡車車隊？為了解決因物流需求激增導致的司機短缺問題，運用 5G 通訊技術由無人卡車車隊進行「列隊行駛」的方案於是誕生。其高速行駛試驗已成功，即將投入實務應用。

網路購物的普及加速了物流需求的成長，並進而對貨運司機帶來了沉重的負擔。惡劣的勞動環境使得願意從事司機工作的人越來越少，運輸業的司機短缺問題持續惡化。為了解決這問題，日本在國土交通省與經濟產業省的主導下，展開了新的嘗試。亦即在有人駕駛的前導卡車後方，由多台無人卡車排成一列依序行駛的所謂「**列隊行駛**」（**Platooning**）技術。到底是什麼樣的運作機制，能夠讓沒有司機的多台卡車依序行駛呢？

由前導車輛引導的無人卡車車隊

2019 年日本軟體銀行（SoftBank）實際在高速公路上進行了「列隊行駛」的試驗，結果大獲成功。該系統是以 GPS 擷取前導車輛的位置資訊，然後餽送給跟在後頭的無人卡車群。而各台無人卡車又再透過 5G 通訊，將控制資訊發送給自己後面的車輛。如此一來，所有卡車就能共享前導車輛的位置資訊與速度資訊，以便進行速度和方向的操控調整。在軟體銀行的試驗中，整個車隊是以時速 70 公里行駛了大約 14 公里的距離，期間各車輛一直保持著固定車距。列隊行駛的技術若是確實實現，一名司機就會具有多台卡車的輸送能力，這對消除司機短缺問題想必很有助益。除了卡車外，巴士及計程車等的無人駕駛也是可能的應用方向，而據說在卡車方面，只要設置專用車道及相關基礎設施，便可達成此技術的實際應用。

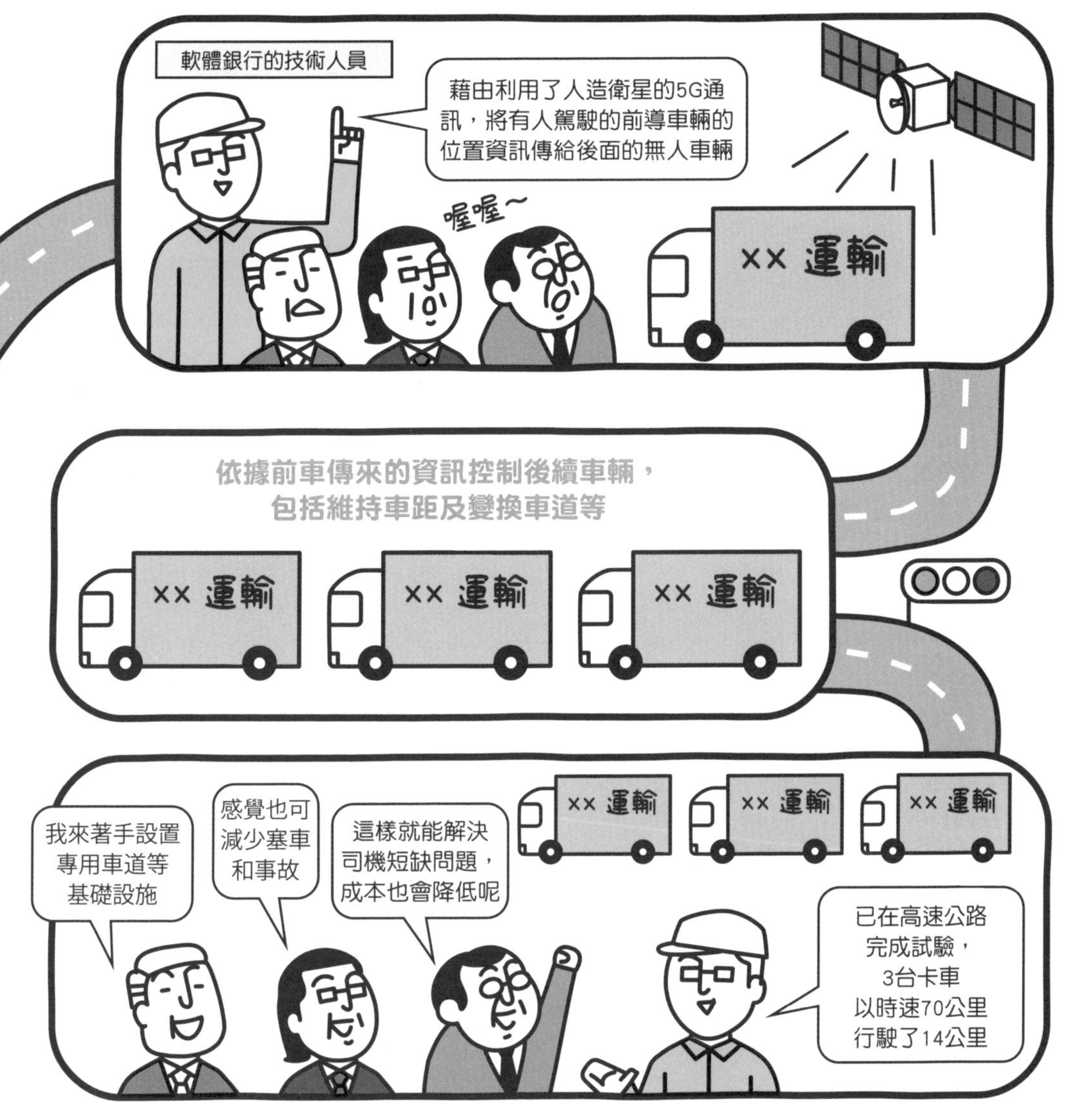

因無人機配送與UGV而改變的物流業

空中的無人機，以及地面上的 UGV，都能為我們送貨到府。這樣如科幻電影般的未來，其實已近在眼前。透過 5G 技術，無人的高速配送系統絕不再是想像中的世界。

運用**無人機**和 **UGV**（Unmanned Ground Vehicle ＝無人地面車輛）進行貨物運送的做法已進入試驗階段。無人機的飛行試驗是在離島及山區等的無人地帶進行，2019 年日本的大型電商樂天與連鎖超市西友便以觀光客為對象，於限定期間內，進行了日本第一次的商業送貨服務。當時消費者若是在神奈川縣的無人島一猿島，以 App 下單購物，商品便會從對岸跨海送至消費者手上。目前日本政府以 2022 年為目標，正著手進行相關法條的修訂，好讓無人機能在有人地帶的上空飛行。而雖然依現行法律 UGV 不能行駛於公共道路，但已有在大學校園內行駛的試驗正在進行。

因 5G 的實際應用而露出曙光的無人配送時代

隨著 5G 的實際應用，無人機於配送時便可即時處理其攝影鏡頭所攝得之的影像，於是得以順利確認降落地點的安全與否。而無人機配送的優點，包括了可降低運送所產生的人事成本並解決人力短缺問題、不受交通狀況影響故能有效率地配送，以及可運送至偏遠和基礎設施不完備的地區等。缺點則是發生故障而墜毀或被偷時會有賠償問題，還有無人機的駕駛員必須取得遠端操作的執照等。至於 UGV，其優點是可與無人機合作並負責短距離部分的配送，缺點則是不適合用於長距離和都會區的配送，亦即能配送的地區有限。

13 消除醫療落差的網路醫療

依地區不同，有些地方很容易獲得適當的醫療照護，有些地方則很難，這就是所謂的醫療落差問題。5G 通訊的普及，讓偏遠地區也能獲得和都會區一樣的網路醫療服務，據說可大幅改善醫療落差。

都會區與偏遠地區的醫療落差，約莫從 20 世紀左右開始成為問題。尤其是對偏遠地區的臥床病患及難以長時間移動的病人來說，要獲得適當的醫療照護並非易事。但住在都會區的話，則可隨時接受最新的醫療護理。而另一方面，醫生也因為病患會來醫院接受診療，所以無法前往偏遠地區出診。不過，有個解決此醫療落差困境的方法即將實現，那就是**網路醫療**。

對醫師不足的問題也有很大貢獻

網路醫療是利用 5G 通訊功能與高解析度的視訊電話，來讓醫生和病人面對面交談，因此即使是臥床在家者也能接受診療。醫生透過螢幕問診，並確認臉色及眼睛、喉嚨、舌頭等的狀態，故可做出一定程度的診斷。若能取得該病患的電子病歷及 X 光片等醫療資料，診療的精準度又會更為提升。若是感覺到某個部位有異常，還可線上聯絡其他的專科醫師，請對方判斷或改由對方診療等。即使是只能觀看的面對面診療，但實際傾聽病人的真實感受後，若認為有必要，便可及時告知需做進一步檢查，故對於早期治療也很有幫助。隨著 5G 的普及，醫療落差消失的那天或許指日可待。

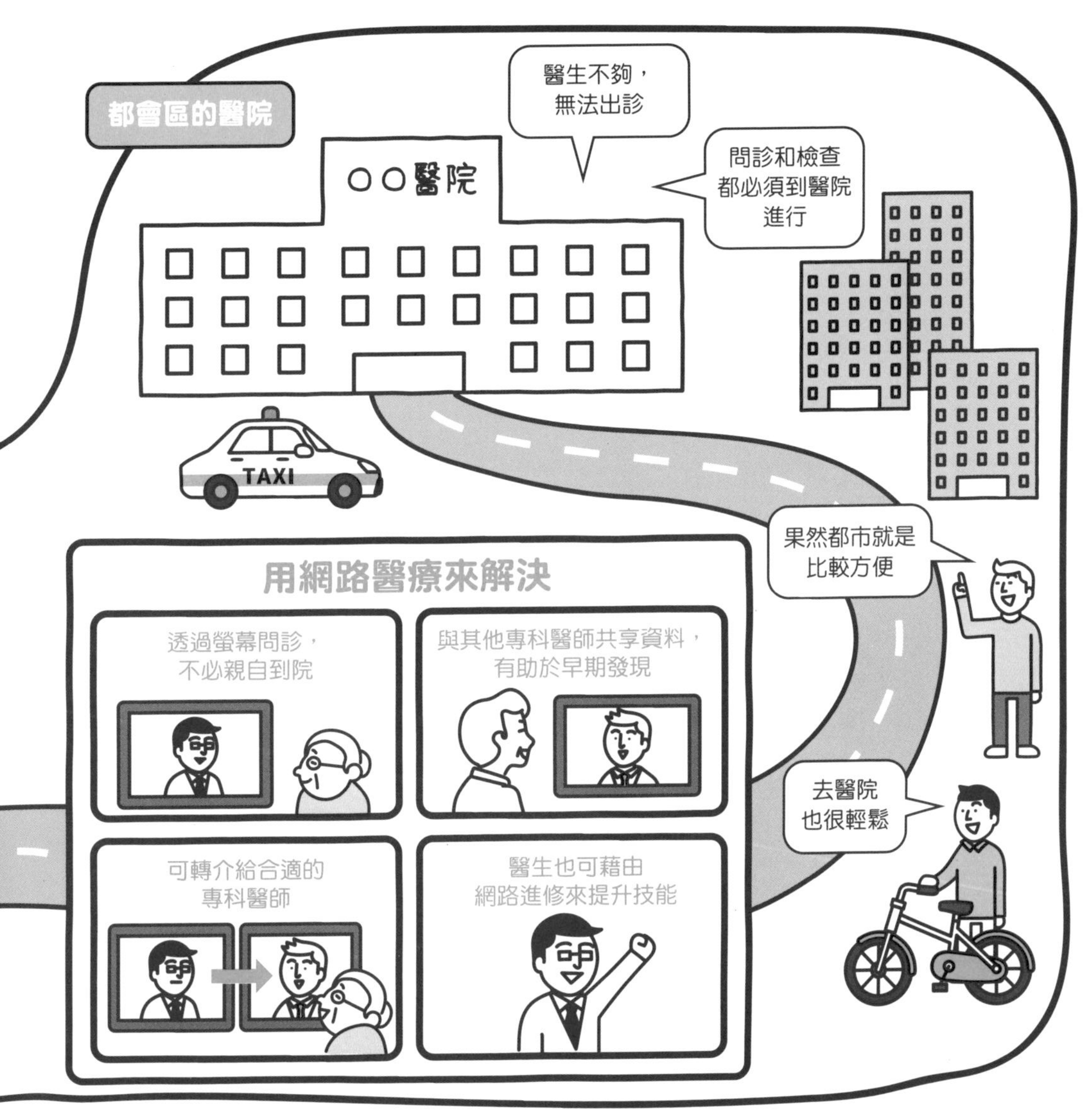

可從外部遠端操作的照護機器人

照護既會對人造成負擔，也會對經濟造成負擔，不過可透過遠端操作來看顧受照護者的「**照護機器人**」，讓情況有了重大轉變。5G 的全面導入承諾了照護機器人的更廣泛應用，可望進一步大幅降低實務上的負擔。

藉由感測器與各種裝置的連動，照護領域正在嘗試引進各式各樣的機器人。在家中或病房裝設溫度感測器或可監控人是否在室內等的感測器，透過感測器及監視器來確認健康狀態的做法相當受到歡迎。一旦發現異常，照護設施的職員或醫院便會通報急救人員，以迅速前往處理。此外，也有可感測異常並迅速趕到家中協助的機器人。

不論在照護設施還是家中，都能透過遠端操作發揮作用

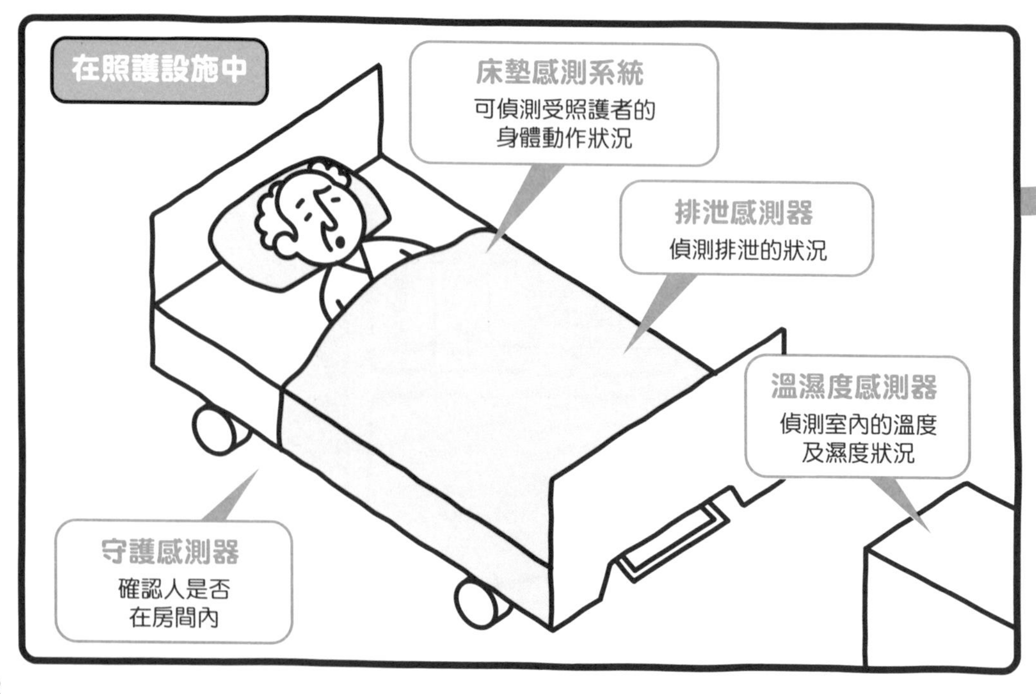

而能夠輔助照護的機器人也很多。從輔助行走的到輔助排泄的，甚至還有運用了 AI 個人辨識功能而可成為交談對象的機器人。具自動駕駛系統等的高性能電動輪椅也屬於機器人的一種。而針對照護者的肌肉力量提供輔助的動力輔助衣，則可於需抱起受照護者等時候發揮功用。接著想必還會有許多運用了 5G 功能的更先進機器人陸續現身。畢竟有了 5G，便能對感測器所取得之資訊進行即時分析、判斷，並提供反饋，就協助受照護者來說再合適不過。另外，僅靠指尖即可操作的電動助行車，以及可模仿被稱做遠端存在（Telexistence）的操作者動作的機器人等，都能達成更接近人類的精準動作。

5G、AI與4K帶來的保全革命

5G 通訊的發展，也讓警察及警衛等保全業界產生了很大變化。多台 4K 攝影機的運用，能讓可疑人物或需要救援的人更容易被發現，防範與追蹤都變得更輕鬆。而機器人與無人機的應用，預計也將減少人員所受到的傷害。

5G 通訊預期也將在保全業界大展拳腳。尤其利用大流量高速通訊來強化攝影機功能的部分，可說是充分發揮了 5G 的特性。例如可透過多台高解析度 **4K** 攝影機共享即時影像，然後由 AI 挑出可疑人物，並與罪犯資料進行即時比對，以強化監視功能。此外也可提升警察及警衛等所攜帶之攝影及錄音設備、無線電裝置、擴音器等的功能，對保全工作的現場支援很有幫助。

24 小時運作的新一代可靠保全

在體育賽事和煙火表演等有大量人群聚集的活動會場，監視攝影機亦可有效發揮作用。另外在車站及醫院、購物中心之類平常就有很多人來來去去的場所，也有助於及早發現急病病患或走失的孩童等。察覺人群中的可疑人物或傷者以防患未然，甚至於早期階段就發現在街上徘徊的失智症患者好予以保護、照顧。還有在危險場所的保全方面，透過 5G 通訊控制的無人機和機器人更是有望大顯身手。例如代替警察或警衛進行現場調查或執行戒備工作，以便在犯罪事件或意外事故發生時減少人員傷亡，迅速解除狀況。

因數位行銷而改變的農業

即使是感覺上跟數位行銷扯不上關係的農業，若是想以直銷開拓銷售通路，CRM 可說是最佳工具。能夠有效活用顧客資訊，發送促銷用電子郵件及傳單以開拓並維持直銷通路的新時代農家，即將誕生。

為生活必需品的農產品，一般都被認為與行銷世界根本八竿子打不著。畢竟農業是受天候及季節變化左右的行業，農民們沒有多餘的力氣可考慮行銷，只要把農產品交給農會之類的分銷機構就不必擔心銷售的問題。更何況，中間業者一直以來都重視市場的穩定性甚於行銷。然而在數位工具日益豐富充足的今日，自行擴大銷售通路，將自己種植的產品直接賣給消費者已不再是不可能的任務。

從開發自己的銷售通路開始著手

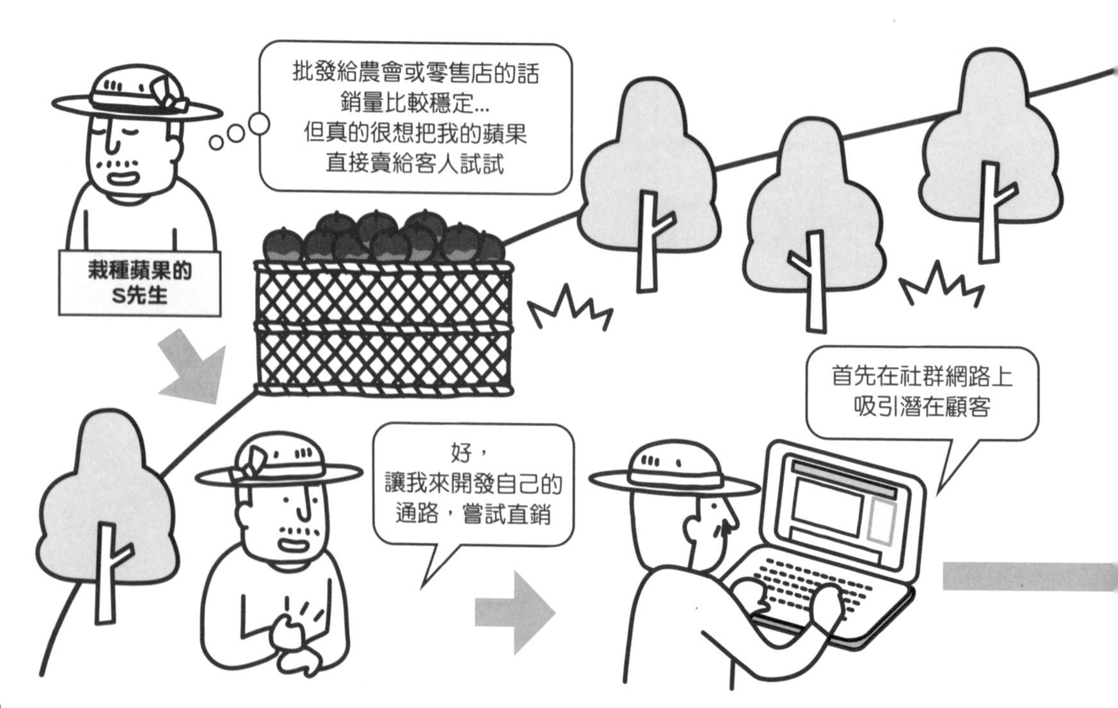

一開始必須考慮的是，直銷＝取得**顧客清單**。沒有顧客清單，商品的流通與收益就沒有前景可言。為了擴大清單，就要在直銷處等地與潛在顧客溝通交流，並定期寄送傳單和電子郵件等進行推廣宣傳。由於顧客數＝潛在顧客 × 成交率，因此努力拉攏曾經購買的顧客，使之成為回頭客，便能夠穩定銷售額。換言之，重點就在於CRM。亦即透過顧客資料管理，持續維持需求量，則銷售通路的穩定＝收益的穩定，開發新顧客＝提升收益。此外網站也是重要的集客工具。再加上部落格及社群網路等一同傳播資訊，就可確實增加潛在顧客的數量。

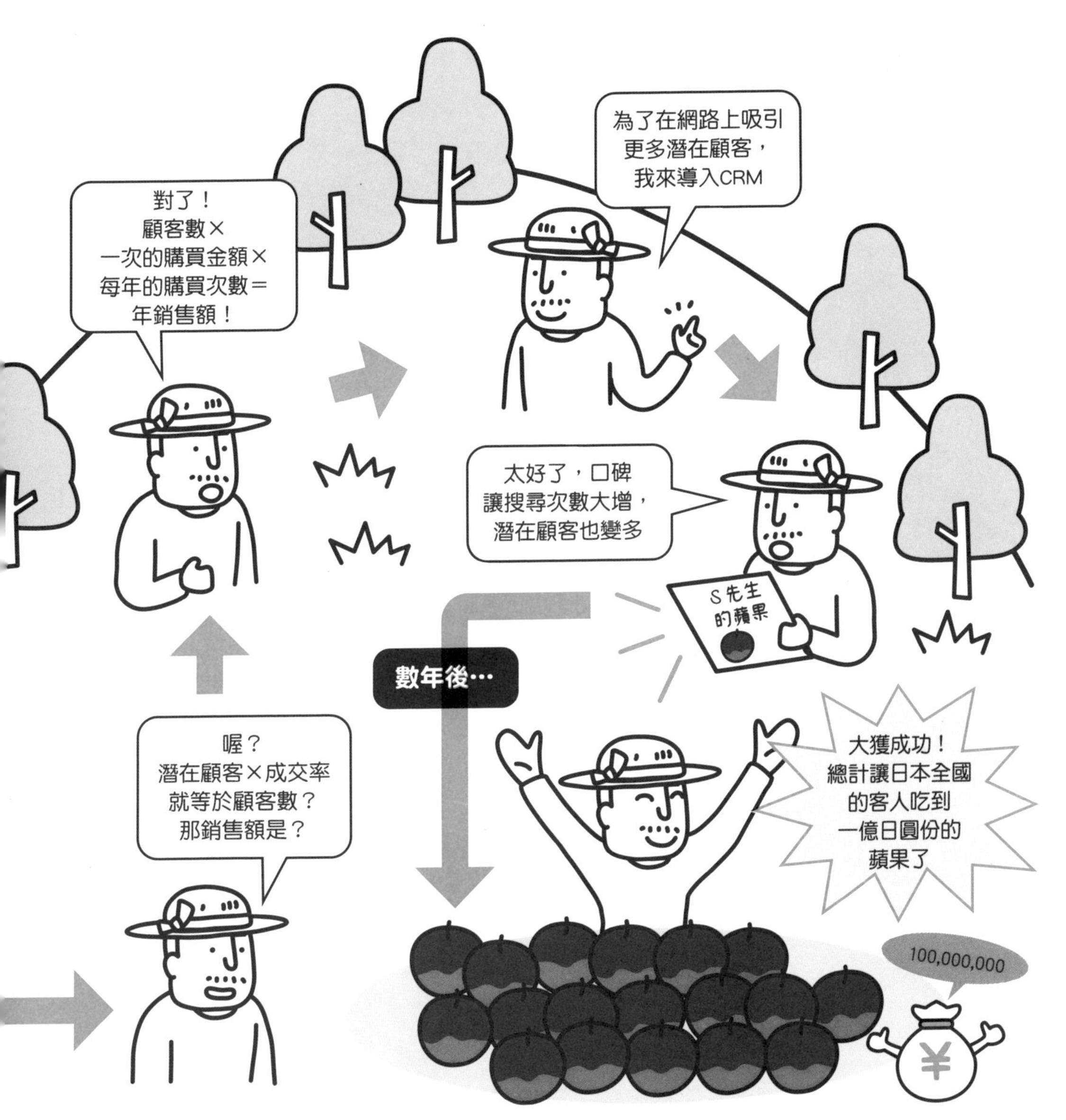

因VR的運用而得以實現體驗式教學的教育界

運用 VR 工具的教育系統即將實現。透過 5G 通訊，更具真實感的體驗實驗以各式各樣的形式進行著。今後在學校教育中，可望導入 VR，讓學生在教室裡實際感受到**體驗式教育**。

學校教育基本上都是在校舍等教育設施中，針對以數十人為單位的兒童或學生，由老師依據課程安排來進行授課。其學習方式，就是要記住教科書及老師所解說或寫在黑板上的內容。然而隨著 5G 的普及，以往被視為理所當然的這種模式或許將有所改變。而這改變，就是運用了 VR 的所謂「體驗式學習」。只要運用 VR（虛擬實境），即使是距離遙遠的地方或人類根本無法到達的地方、難以前往之處等，都能輕易踏足其中。學校或許會因此成為體驗未知的地帶也說不定。

在家中、教室皆可觀看並觸摸的體驗式學習

VR 工具其實已經活躍於我們的周遭，例如在醫療機構中用於手術實務技巧的學習，以及飛機的操作訓練等。那麼，在教育領域呢？日本的關西學院大學，與八景島海島樂園及富士通公司合作，運用 VR 與水中無人機，讓兒童們體驗在水族館的水中游泳的感覺。這是一次運用了 5G 通訊的實驗。今後，若 5G 普及了，學生們在教室裡就能使用 VR 來上歷史課或體驗在水中悠游。又或者與獵鷹一同翱翔天際、在叢林中與動物遊玩等，都將成為可能。一旦能夠更有效地運用 5G，則不僅是視覺、聽覺，甚至還能以五感充分體驗 VR 呢。

18 結合了金融(Finance)與技術(Technology)的金融科技(FinTech)

金融機構的「櫃台」是與顧客的第一接觸點，而金融服務也講求速度。為了達到不需等待、清楚易懂、有效率等目標，於不久的將來即將引進的，就是透過 5G 的「金融科技服務」。

金融機構是最有望因 5G 技術而獲得大幅改善的行業之一。金融業很早就開始嘗試結合了金融服務與資訊技術的所謂「**金融科技**」(**FinTech**)，包括可達成金融交易流程改革的迅速化，以及有助於提升效率的櫃台業務和內部業務的數位化等，都將會確實實行。如此一來，櫃台可對每位顧客提供細緻周到的服務，而公司內部則可透過共享顧客資料，來應付異動頻繁之金融機構弄丟顧客資料的麻煩。

不需在「櫃台」等候的速度革命

通訊速度與安全性的增加是 5G 技術的重要特色。在不久的將來，金融機構的使用者不再需要為了匯款而親自前往分行，只要使用智慧型手機等行動裝置或視訊電話的功能，就能即時完成款項的支付。此外，穿戴式裝置可為金融機構提供生物資料，一旦能夠立即確認使用者 ID，生物認證的準確度便會提高，可降低安全性方面的風險。由於身分驗證的必要手續也會逐漸簡化，故金融機構的客戶服務方式也將大大改變。想必這不僅能縮減分行業務，同時也能提高顧客的滿意度。甚至由 AI 顧問來提供金融建議的機制，或許也不再是夢想。

隨遠距工作時代而改變的行銷架構

新冠肺炎疫情使得企業的遠距工作模式加速進展。由於面對面銷售的機會減少，導致越來越多企業苦於潛在顧客減少＝成交率低落。而本單元便要針對此情況，解說相對應的網路銷售戰術。

在新冠肺炎疫情的影響下，各種展覽會及研討會停止舉辦，造成一直以來都為主流的 Face to Face 式的銷售活動越來越難以進行。亦即獲得潛在顧客的機會持續減少。此外，由於工作模式轉為遠距型態的關係，很多時候無法以電話等聯繫潛在顧客，導致潛在顧客的培養工作停滯不前。如此一來，商務洽談的成功率必定低下，或是呈現延長的傾向。甚至資訊共享及業務員的培養等也都變成以遠距方式進行，令不少企業難以適應而叫苦連天。銷售網路化可說是時代的趨勢。

隨遠距工作增加導致的銷售機會減少及其應對策略

那麼，於切換至**網路銷售**的過程中，有哪些要點是必須掌握的呢？在獲得潛在顧客方面，有以網站為中心的 SEO 及搜尋廣告、社群媒體的付費運用、線上研討會、白皮書等投入資金的方法。而在培養潛在顧客方面，則需先增加潛在顧客數量，並以線上研討會及網路座談會等建立顧客接觸點，提高品質後，再進行進行商務洽談。遠距工作的趨勢使得用電話洽談變得越來越困難。而透過電子郵件的洽談率無論如何就是比較低，因此提升質與量才是明智之舉。還有就是要累積網路銷售的經驗並磨練技巧了。畢竟企業都在持續遠距化，原本非數位的領域開始數位化、網路化也都是已確定的事實，所以就讓我們積極地把這視為一個轉型的好機會。

值得記住的數位行銷用語集⑥

1. 5G（P176）

為「5th Generation」的縮寫，指第 5 代的行動通訊技術。1G 是指 1980 年代的類比式（非數位）行動電話，2G 是 1990 年代採用數位化方式低速傳輸資料的行動電話服務。3G 是 2000 年代以 W-CDMA 等技術高速傳輸資料的行動電話服務，4G 則是指 2010 年代運用了 LTE-Advanced 等技術超高速傳輸資料的智慧型手機等的服務。而普及於 2020 年代的 5G，不僅具備超高速、大流量，還能同時連接眾多裝置，是最新的智慧型手機服務。

2. AR（P179）

為「Augmented Reality」的縮寫，中文稱做「擴增實境」。這是一種擴充現實世界的技術，可讓人在現實世界中體驗非現實的虛擬影像。相對於 VR（虛擬實境）是由人進入到虛擬的世界中，AR 則只是讓虛擬的事物出現在現實世界裡。於 2016 年掀起熱潮的「寶可夢 GO」便是其中極具代表性的一個例子。另外還有讓實際尺寸的家具等出現在現實世界的系統，以藉此瞭解房間擺設的感覺，應用情境相當多元。

3. VR（P179）

為「Virtual Reality」的縮寫，中文稱做「虛擬實境」。是一種能讓人以有如現實般的方式體驗非現實世界的技術，亦即藉由電腦製作的影像，來建立出人工的 3D 環境。VR 過去主要流行於遊戲領域，但今日也應用於網路服務。透過 VR，使用者可於設置在虛擬空間裡的商店試用商品，故可降低網路購物的不確定性。此外 VR 也用於企業培訓，以及針對危險工作進行事前確認以管理風險等用途。

4. AI（P180）

為「Artificial Intelligence」的縮寫，中文稱做「人工智慧」。這是一種有系統地賦予電腦專業知識，使之能夠自行推理並解決問題的技術。AI 具有不犯錯、可長時間工作、能於短時間內處理大數據，以及有學習能力等優點。在商業上，AI 可用於品管自動化、顧客分析、銷售預測、客戶服務等工作，但據說並不適合需要高度創造性及高度專業性等的工作。然而 2020 年時，已故漫畫家手塚治虫的新漫畫作品卻透過 AI 得以誕生，只不過人們對於該 AI 創作能力的評價似乎褒貶不一就是了。

5. 動態定價（Dynamic Pricing）（P182）

指依據需求來讓價格變動的做法。就市場機制而言，需求減少價格就下降，需求增加價格就上漲可謂理所當然，但所謂的動態定價並不僅止於此，動態定價是指預測一年中各個季節，甚至是一日內不同時間帶的需求增減，並據此來改變價格。每到新年假期及連假期間就會漲價的旅遊團費及機票、飯店住宿費等，就是存在已久的動態定價典型例子。包含這些在內的動態定價計算意外地相當困難，不過近年來已有越來越多企業選擇將此計算交由 AI 處理。

6. 共享經濟（P186）

英文為「Sharing Economy」。是指由許多人共同分享並交換交通工具及房地產、衣服、家具等的社會制度。其中最具代表性的例子，就是為了緩解塞車及改善環境而設計出的共享汽車。而在數位行銷方面，透過社群媒體來中介個人之間的借貸的服務也已相當普及。還有在網路上，將個人所擁有的空房間租借給他人的服務，以及同樣是在網路上，但租借的是個人擁有的汽車的服務等，也都是共享經濟的例子。

7. OMO（P188）

為「Online Merges with Offline」的縮寫，即「虛實融合」之意。在行銷上，這是指跨越網路與實體之分界的一種擴大店面銷售的方式。結合在網路上發行的折扣券與實體店面，來提供使用者折扣價的做法，是一種知名的 O2O（Online to Offline）商業形式的代表性例子。而 OMO 則是更進一步發展此概念，不僅能取得以手機支付的商品，更進化為可查看其資訊的狀態。

8. 推薦系統（P190）

英文為「Recommendation System」。這是一種在電商網站等網路上的商業交易網站上，分析過去使用者的購買紀錄，並據此將各個使用者可能會喜歡的商品或服務資訊，透過電子郵件等提供給使用者的系統。而在網站上，此系統不僅用於這樣的直接廣告，也用於引導使用者連往符合其喜好的頁面。

9. 8K 影片（P193）

具有 7680×4320 像素之解析度（寬 × 高）的影片。其中 K 就代表「Kilo」，是 1000 的意思。亦即水平解析度接近 8000，故以 8K 為名。從寬 × 高的比率看來，8K 的解析度相當於 4K 的 4 倍、2K 的 16 倍，由此可知其影像顯示力有多麼地細緻優美，很適合用於呈現美麗的風景和體育活動等令人印象深刻的情景。而提供此規格影片的頻道稱為 8K 頻道，可播放此規格影片的電視則稱為 8K 電視。

10. MR（P194）

為「Mixed Reality」的縮寫，中文稱做「混合實境」。是一種結合了 AR 與 VR 的更先進技術。不僅能讓虛擬的事物出現在現實世界中，還能夠實際移動虛擬事物。例如能以手指捏住顯示在空中的影像，藉此切換顯示畫面或移動 3D 資料等，是 2020 年代以後備受矚目的新技術。

人類只要還活著
就會繼續做行銷

多數讀完本書的讀者，應該都對「數位行銷」有了概略的理解。

「數位行銷＝網頁行銷」已是過時的觀念，隨著 5G 及 AI、IoT 等科技的進化，數位行銷現已展現出多元的面貌。其中極具代表性的，就是融合了網路與實體的 OMO。

所謂的 OMO，不是依企業的方便來切分網路與實體管道，而是為了「以顧客為中心的體驗」，融合網路與實體管道，藉此提供更好的顧客體驗（UX）的一種概念。

由於 IoT 的快速進化與滲透，以及智慧型手機的普及，以往於實體進行的各種消費者行為都被轉為數位資料，並一一綁定至個人 ID。然後企業透過活用這些資料，跨越網路與現實的分界，在最恰當的時機點提供最恰當的管道，而得以創造出更好的 UX。

就如本書的六個主要章節所述，數位行銷正在持續不斷地進步。但千萬別忘了，數位行銷和傳統行銷在本質上並無不同。亦即必須持續研究顧客想要的是什麼，並透過提供顧客所想要的來讓顧客感到滿意。而且這不是一次性的短暫行動，必須要持續讓顧客滿意才行。

換言之，數位也好，非數位也罷，重點在於必須始終以顧客為中心來提供商品及服務。

美國勵志演說家喬登・貝爾福是李奧納多・狄卡皮歐所主演之《華爾街之狼》的原型人物，他便曾說過：「人生在世，試圖在完全不行銷的狀態下生活，不能算是真正有意義的人生。」

意思就是，我們在日常生活中，總是以某種形式不斷地行銷，努力將自己這個商品賣給他人。

以結婚為例，一開始向對方宣傳自己的優點，讓對方對自己產生興趣（開發潛在顧客），接著在交往的過程中逐漸提高對方對自己的評價（培養潛在顧客），最後達成結婚（完成交易）的目標。

找工作也是一樣。為了進入夢想中的企業，首先必須自我宣傳，要讓對方認可自己是個有用的人才才行。

因此說得極端點，即使不是實際的商業場合，我們也都一直在做行銷。

就如本書在「前言」中所寫的，這是一本解說數位行銷基礎知識的書籍。但在此誠心希望各位務必理解，其本質其實與傳統的行銷並無二致。

詞彙索引

英文

一劃

二劃

三劃

四劃

五劃

六劃

七劃

八劃

九劃

十劃

十一劃

十二劃

十三劃

十四劃

十五劃

十六劃

十七劃

十八劃

廿劃

廿一劃

廿三劃

參考文獻

《Google 行銷人傳授 數位行銷的獲利公式》 遠藤結萬 / 台灣東販

《從零開始讀懂數位行銷》 西川英彥、澀谷覺 / 商周出版

《數位時代的行銷改革：打造獨特品牌、建立暢銷機制、突破銷售困境的超實用入門書》 西井敏恭 / 台灣東販

《沈黙の Web マーケティング—Web マーケッター ボーンの逆襲(暫譯:沉默的網路行銷—網路行銷人 Bourne 的逆襲)》 松尾茂起 /MdN Corporation

《はじめてでもよくわかる！デジタルマーケティング集中講義（暫譯：初次接觸也能懂！數位行銷密集講座）》 押切孝雄 /Mynavi Publishing

《次の 10 年を決める「ビジネス教養」がゼロからわかる！ 5G ビジネス見るだけノート（暫譯：從零開始學會決定了下一個十年的「商業教育」！ 5G 商務閱讀筆記）》 三瓶政一（監修）/ 寶島社

《Google アナリティクス プロフェッショナル～分析　施策のアイデアを生む最強リファレンス（暫譯：Google Analytics 專家～提供分析與措施構想的最強參考書）》 山浦直宏 / 技術評論社

《Google Analytics パーフェクトガイド（暫譯：Google Analytics 完美指南）》 山浦直宏 /SB Creative

參考網站

NEC Nexsolutions
https://www.necnexs.com/sl/iot/nabeno/column06.html

Ashisuto
https://www.ashisuto.co.jp/case/industry/service/1195255_1563.html

Big Data Magazine
https://bdm.changejp.com/

salesforce blog
https://www.salesforce.com/jp/blog/2013/12/vol2bigdata.html

GENIEE's library
https://geniee.co.jp/media/crm/crm_majorcompany/#2CRM

Synergy Marketing
https://www.synergymarketing.co.jp/blog/four_steps_to_crm_success

Ricoh的行銷支援
https://drm.ricoh.jp/lab/useful/u00015.html

監修 **山浦直宏**（Yamaura Naohiro）

數位行銷顧問

經歷讀賣廣告社、UNIQLO、Transcosmos 等公司後，現任職於數位行銷顧問公司 Ayudante。於擔任 Google 行銷平台之顧問工作的同時，亦負責數位行銷領域的諮詢及企業培訓等工作，從實際的諮詢和組織及人才培育兩個方面推廣數位行銷。擁有超過 40 家公司的 Google Analytics 360(付費版)實際顧問經歷，而且很多都屬於進階案例。在數位行銷顧問公司 Synapse 擔任培訓講師，基於自身在大眾及數位行銷上的經驗，開設了「數位行銷概論（基礎）」課程。而該課程被許多推動數位化的公司，包括 NTT Data、日本 Unisys、凸版印刷、双日及東京電視台等，採用為企業培訓課程。

2010 年起，開設 Google Analytics 個人證照（GAIQ）課程，大受歡迎，目前累計已有 1000 名以上的學員成功取得證照。過去曾在讀賣廣告社進行內部創業，擔任子公司的代表董事。在 Transcosmos 則擔任過部門經理、子公司的執行副總裁等職務。還曾於立教大學工商管理學院以兼任講師的身分授課，另外在青山學院大學、東京都市大學、多摩大學、會津大學等都曾開課、演講，致力於指導、培育後進。

主要著作包括：《Google Analytics パーフェクトガイド増補改訂版（暫譯：Google Analytics 完美指南增補改訂版）》（SB Creative）、《いちばんやさしい Google アナリティクスの教本（暫譯：最簡單的 Google Analytics 教科書）》（Impress）、《GAIQ 資格試験対策ガイド（暫譯：GAIQ 證照考試準備指南）》（翔泳社）、《Google アナリティクス プロフェッショナル（暫譯：Google Analytics 專家）》（技術評論社）等，也是累計銷量超過 2 萬本的 Google Analytics 暢銷書作者。此外更以網路媒體為中心，投稿並撰寫了不少文章。

知識ゼロから PV 数、CVR、リピート率向上を実現！デジタルマーケティング見るだけノート
（CHISHIKI ZERO KARA PVSUU、CVR、REPEAT RITSU KOUJOU WO JITSUGEN! DIGITAL MARKETING MIRUDAKE NOTE）
by 山浦 直宏

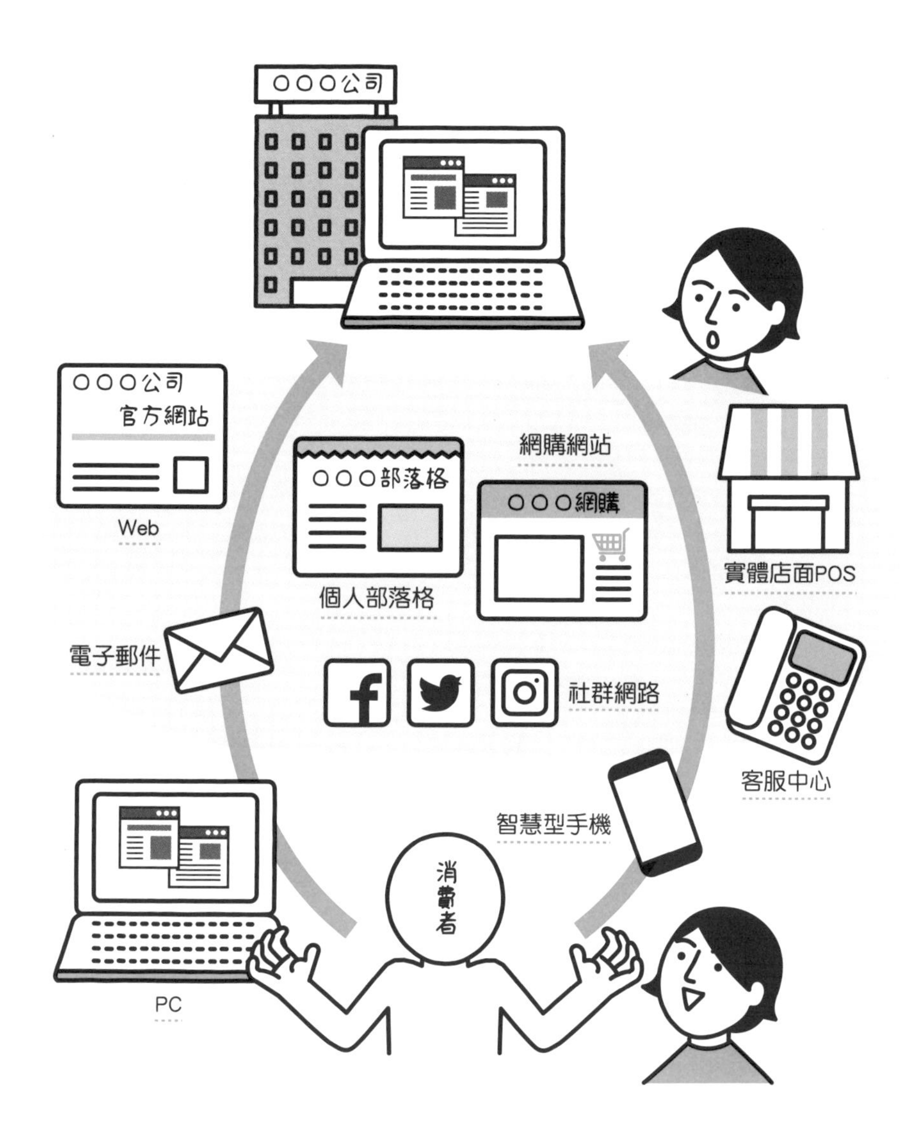
○○○公司
○○○公司
官方網站
Web
○○○部落格
個人部落格
網購網站
○○○網購
實體店面POS
電子郵件
社群網路
客服中心
智慧型手機
消費者
PC

圖解數位行銷的基礎入門必修課

監　　修：山浦直宏
譯　　者：陳亦苓
企劃編輯：莊吳行世
文字編輯：江雅鈴
設計裝幀：張寶莉
發 行 人：廖文良

發 行 所：碁峰資訊股份有限公司
地　　址：台北市南港區三重路 66 號 7 樓之 6
電　　話：(02)2788-2408
傳　　真：(02)8192-4433
網　　站：www.gotop.com.tw
書　　號：ACV045200
版　　次：2022 年 11 月初版
建議售價：NT$480

國家圖書館出版品預行編目資料

圖解數位行銷的基礎入門必修課 / 山浦直宏監修；陳亦苓譯. -- 初版. -- 臺北市：碁峰資訊, 2022.11
面；　公分
ISBN 978-626-324-344-6(平裝)
1.CST：網路行銷　2.CST：電子商務
496　　111016563

讀者服務

- 感謝您購買碁峰圖書，如果您對本書的內容或表達上有不清楚的地方或其他建議，請至碁峰網站：「聯絡我們」\「圖書問題」留下您所購買之書籍及問題。（請註明購買書籍之書號及書名，以及問題頁數，以便能儘快為您處理）
http://www.gotop.com.tw
- 售後服務僅限書籍本身內容，若是軟、硬體問題，請您直接與軟體廠商聯絡。
- 若於購買書籍後發現有破損、缺頁、裝訂錯誤之問題，請直接將書寄回更換，並註明您的姓名、連絡電話及地址，將有專人與您連絡補寄商品。